Números

O Simbólico e o Racional na História

Iran Abreu Mendes

Números

O Simbólico e o Racional na História

Editora Livraria da Física
São Paulo

1a. Edição

Editor: José Roberto Marinho

Diagramação: Roberto Maluhy Jr & Mika Mitsui

Capa: Arte Ativa

Impressão: Gráfica Paym

Dados Internacionais de Catalogação e Publicação (CIP)
(Câmara Brasileira do Livro, SP, Brasil)

Mendes, Iran Abreu
Números: o simbólico e o racional na história / Iran Abreu Mendes.– São Paulo: Editora Livraria da Física, 2006.

Bibliografia.

1. Números – História 2. Números racionais
3. Simbolismo dos números I. Título.

06-2324 CDD-513.5

Índice para catálogo sistemático:

1. Números: História 513.5

ISBN: 85-88325-69-1

Impresso no Brasil

Editora Livraria da Física
Telefone 55 11 3816 7599 / Fax 55 11 3815 8688

www.livrariadafisica.com.br

"Crescei e multiplicai-vos",
disse o senhor. Projetado no
universo do número, o
homem, por força das
circunstâncias, começou a
enumerá-lo. Sua própria
estrutura atesta que ele possui
a ciência infusa: um umbigo,
duas vezes dois membros
(quatro membros), quatro
vezes cinco dedos, nove
orifícios, dos quais sete para
receber vida e dois para
eliminá-la. Só nessa
enumeração está comprovado
o poder da matemática.

Georges Jean

Apresentação

Nos dias atuais, ainda associamos a matemática das séries iniciais à aritmética, pois durante muito tempo foi tarefa dessa fase do ensino fundamental a abordagem escolar dessa parte da matemática. Saber aritmética correspondia, a saber, as tabuadas e saber fazer "as contas". Gradualmente, a idéia do que deveria ser as séries iniciais foi-se alargando e hoje compreende para além dos números e operações, da medida, da geometria, das representações gráficas, *etc.* Todavia, ainda é atribuído um grande peso ao cálculo com os números, sem se levar em consideração o desenvolvimento de conceitos e habilidades necessárias à construção do sentido numérico.

Numa época de calculadoras e computadores é necessário refletir sobre o significado racional e simbólico atribuído aos números e ao cálculo ao longo da história da humanidade. Neste pequeno livro abordaremos alguns aspectos acerca de vários aspectos históricos, sociais e culturais que envolvem o conceito, o significado e a representação dos números, bem como das suas relações com algumas das diversas atividades humanas.

Para que isso seja possível, oferecemos aos leitores um panorama entrelaçado por situações em que a mente humana imagina, representa, simboliza e reformula sua capacidade criadora acerca do pensamento numérico. É nesse contexto sóciohistórico e cultural no qual o número se insere, que preparamos esse pequeno livro visando contribuir para a ampliação das possibilidades pedagógicas do professor ao abordar tal assunto em suas aulas de matemática.

Trata-se de um material elaborado a partir de pesquisa bibliográfica e algumas reflexões sobre o tema, que culminaram com a elaboração de uma brochura, utilizada em um mini-curso ministrado durante o V Seminário Nacional de História da Matemática, ocorrido em Rio Claro (SP), em março de 2003. Para isso busca informações na antropologia, na matemática, na história e nos estudos sobre religiosidade, considerando a necessidade de uma abordagem mais totalizante para o tema em foco.

O livro é uma ampliação do material original utilizado em 2003 e está organizado em sete capítulos que enunciam alguns tópicos sobre o número, seus aspectos históricos, sociais, culturais e operatórios, tendo em vista possibilitar aos professores o desenvolvimento de atividades de ensino desse tópico em sala de aula.

Abordamos os aspectos sócio-cognitivos e culturais do número tomando como referências várias situações humanas nas quais o pensamento numérico aparece de diversas maneiras. Trata dos números e suas simbologias nas tradições, apontando as considerações de diferentes sociedades acerca do número. Fazemos uma síntese sobre alguns aspectos históricos dos números de modo a explicar as origens de alguns sistemas de numeração, sua escrita e sua representação formal.

Discutimos a relação entre o aspecto real e o imaginário do número, tomando como exemplo a concepção de número complexo e suas relações operacionais na construção de outros aspectos da matemática. Abordamos, ainda, o número pi (π) e alguns triângulos numéricos. Finalizando, indicamos algumas leituras, considerando a possibilidade de aprofundamento sobre o tema. Esperamos com esse pequeno texto despertar o interesse nos leitores, fomentando a sua curiosidade de modo a levá-los ao desenvolvimento de estudos ampliados sobre o que aqui, apresentamos.

Prefácio: Humana Matemática

Maria da Conceição de Almeida[1]

OS NÚMEROS TÊM uma utilidade enorme em nossas vidas. Servem de mediadores para aferir medida, quantidade, volume, distância. Servem também para medir o tempo, a duração da vida, a velocidade dos deslocamentos, a proximidade e o afastamento entre objetos e territórios. Servem para muitas coisas mais: mensurar o maior e o menor como grandezas relacionais; valorar intensidade, pressão e rapidez... para garantir que cheguemos na hora certa naquele encontro amoroso... para medir a temperatura do bebê...

Mas é preciso que se diga que essas utilidades e serventias não esgotam o ser do número. Para além de aferir quantidade, volume e medida, os números comportam uma humanidade

---

[1] Doutora em Ciências Sociais (Antropologia) pela PUC-SP; Professora dos Programas de Pós-Graduação em Educação e em Ciências Sociais, ambos da Universidade Federal do Rio Grande do Norte; Fundadora e Coordenadora do Grupo de Estudos da Complexidade — GRECOM.

que nem sempre é visível e percebida nas salas de aula. Isso porque, como aprendemos, e fixamos excessivamente, que a matemática é uma 'ciência exata', esquecemos que ela é uma ciência humana, como são todas as demais ciências (Ilya Prigogine). Não há nada de estranho nessa humanidade escondida nos símbolos aritméticos. Eles são o resultado de construções mentais complexas e de padrões cognitivos que a espécie humana foi construindo ao longo de sua trajetória de auto-construção.

Os números têm uma humanidade, porque são parte da configuração cultural, porque são fragmentos do capital cultural, das objetividades da imaginação humana. São grafias possíveis do sempre mais amplo estoque de experiências acumuladas e de leituras cognoscentes. São humanos os números, porque são criações humanas.

É necessário que se diga também que os números são da ordem do *complexo*. Isto é, eles não se ajustam perfeitamente a uma descrição; não apresentam uma única propriedade, um valor único. A depender da cultura, os numerais podem fazer referência a conjuntos diferentes. Eduardo Sebastiani mostra como o numeral 1 em algumas culturas indígenas tem por equivalência o casal, e isso porque nessas culturas o par marido/mulher é concebido como a menor unidade indivisível. Por outro lado, a depender do lugar que ocupa numa série, o mesmo algarismo assume um valor diferente (no sistema decimal).

A dificuldade, e mesmo a impossibilidade, de uma verdade numérica inconteste denota a natureza complexa do sistema de símbolos aritméticos. Mas não só. Os números estão carregados de simbolismos, de representações imaginárias, de cartografias míticas. São justamente essas duas propriedades — admitir várias compreensões e ser acometido de simbolismos — que conferem à matemática o 'estatuto' de um sistema complexo, porque aberto, incerto e, em muitos casos, indecidível.

A partir dessa perspectiva, a dialógica entre o simbólico e o racional não poderia deixar de ser sugerida no subtítulo deste livro do matemático Iran Abreu Mendes. Conhecendo de perto a trajetória intelectual do autor, sei bem que é o *caminho do meio* que ele tece ao longo do seu projeto acadêmico. Religando os fios da teoria e da prática; do conhecimento científico e dos saberes da tradição; da abstração e do fazer cotidiano dos seus alunos, Iran Mendes tem na etnomatemática um método e uma perspectiva para reorganizar a história da matemática.

Como um *bricoleur* que é, o autor deste livro instiga os professores a darem vida ao conhecimento matemático e a reconstruírem coletivamente as experiências objetivas e subjetivas que oferecem sentido e compreensão às fórmulas, equações e figuras.

O livro faz, dos eventos históricos da matemática, artefatos para oferecer aos alunos e professores uma outra maneira de ordenar numericamente o mundo, a partir do lugar onde cada um se encontra. Faz também, dos abundantes exemplos retirados de culturas diversas, uma mandala de *mentefatos* (Ubiratan D'Ambrosio) capaz de realimentar a alma dos números. Faz das singelas e fortes experiências culturais uma possibilidade de retotalizar a matemática em arquiteturas grávidas do espírito criativo e estético, como quer a teóloga e etnomatemática Teresa Vergani.

Uma matemática humanista é, ao fim e ao cabo, a proposta deste livro. Abertos e, ao mesmo tempo, formais e simbólicos; reais e imaginais, os números dos quais fala Iran Mendes se sucedem pelas páginas como notas musicais distribuídas numa partitura incompleta. A regência desta sinfonia inacabada, tanto quanto de suas variações, está vinculada à criatividade e singularidade dos leitores espalhados pelas salas de aula deste país tropical.

Sumário

Introdução

A matemática e a escrita têm uma relação muito íntima e simbiótica no que se refere ao processo humano de comunicação do pensamento acerca dos fenômenos naturais e sociais. Trata-se de um processo interativo de busca da expressão disseminadora dos saberes gerados na tradição das sociedades.

As investigações arqueológicas realizadas em diversas partes do planeta, ao longo dos anos, têm concluído que os primeiros sistemas de escrita surgiram com a finalidade de representar aspectos cognitivos referentes ao exercício do cálculo: acúmulo, cobrança, divisão e distribuição da riqueza produzida e acumulada pela sociedade humana.

Pode-se admitir, portanto, que houve a necessidade de se estabelecer códigos específicos de escrita (os números) para representar as várias operações matemáticas (aritméticas). Isso porque, com as limitações da memória humana, seria difícil superarmos as dificuldades surgidas na manipulação de quantidades e operações, o que implicou na solução de problemas com determinado grau de complexidade numérica.

A arte da numeração ou da contagem, em seus primórdios, prescindiu de qualquer sistematização. Como as coleções pertinentes à vida dos povos eram pequenas, não havia necessidade de uma arte de contar desenvolvida, pois ela não ia além da enunciação de um pequeno número de palavras ou de assinalar os equivalentes símbolos. Todavia, a contagem não se restringia apenas às coleções domésticas, visto que os grupamentos dos dias em luas e o cálculo dos dias do ano remontam ao início das civilizações.

Além disso, quase todos os povos antigos reconheciam as estações do ano, observando constelações que surgiam com o anoitecer. Elas orientavam as práticas agrícolas, a pecuária, o armazenamento de alimentos, assim como ajudavam nas previsões climáticas e na tentativa de explicar e compreender fenômenos sobrenaturais.

Não obstante, outros conhecimentos que necessitavam do conceito de número e das noções de contagem muitas vezes eram de domínio de poucos "iluminados", como os feiticeiros e os sacerdotes. A eles se atribuía o poder de acumulação das informações numéricas durante muitos anos, de modo a ser possível determinar fatos, prever futuros, planejar ações, entre outras decisões de caráter oculto.

Considerando que as características dos números estão definidas, geralmente, em termos das formas em que podem combinar-se uns com os outros, de acordo com as regras do que chamamos "matemática", ou limitando sua aplicação aos números, simplesmente chamando de "aritmética", não podemos estabelecer quaisquer fundamentos sem, primeiramente, ter uma espécie de cognição dos números e certo domínio das técnicas numéricas. A matemática e a aritmética estão determinadas, pelo contexto, de diferentes maneiras e formas.

Podemos citar, por exemplo, o caso de um apostador compulsivo no jogo do bicho. Ele gerará sua cognição acerca dos números, de acordo com a cultura geral imputada pela sua sociedade. Porém, na aplicação da sua cognição matemática, possivelmente ele fará uso de habilidades especiais, desenvolvidas a partir da necessidade de ganhar o máximo possível de dinheiro em tal jogo. Casos similares ocorrem com os chamados "atravessadores", que atuam no mercado de camelos no Oriente Médio; com os comerciantes das feiras livres, na geração da sua matemática comercial e financeira; com os mascates, que até hoje circulam pelas estradas e sertões do Brasil, dinamizando o processo cognitivo da matemática utilitária envolvida nas suas ações profissionais, e ainda com os apostadores das bolsas de valores, entre outros.

A base numérica que utilizamos no processo de organização cognitiva do princípio de contagem não pode existir sem algum conjunto de signos que represente as combinações criadas e (re)organizadas de acordo com as necessidades surgidas. A esse respeito, a seqüência 0, 1, 2, 3, 4, 5, 6, 7, 8, 9 corresponde ao conjunto de signos utilizados para representar os números naturais.

Oralmente, esses números assumem forma através das palavras: um, dois, três, *etc.*, que representam os números mais baixos da série, até um limite determinado pelos recursos das linguagens locais. Essas palavras, seja qual for a língua, são quase sempre diferenciadas e independentes do resto do vocabulário. Geralmente, as crianças pequenas se familiarizam pela primeira vez com essas palavras através de uma atividade ritual de computo simbólico, muitas vezes presente em canções, narrativas ou trovas rimadas. Esse modo no qual essas primeiras noções numéricas se incorporam à cultura infantil deve ser encaminhado, pois pode interferir negativamente na construção do simbolismo numérico nas crianças. É importante que o processo de construção da contagem ocorra através de atividades naturais (concretas) que conduzam as crianças a uma representação simbólica articulada a essas atividades.

A base cognitiva para a construção da idéia de número, historicamente, é definida pela necessidade de registrar quantidades de objetos concretos e não pela necessidade/finalidade de facilitar o desenvolvimento abstrato da aritmética. Se imaginarmos que as sociedades não escolarizadas constroem a noção de número a partir de atividades concretas realizadas cotidianamente, é possível fazermos uma incursão mental a alguns estudos da antropologia moderna, buscando compreender como muitas sociedades sem escrita estabelecem essas práticas, evidenciando o caráter universal das construções numéricas. A esse respeito, Thomas Crump menciona que

> (...) o estudo de Claude Lévi-Strauss (1971) sobre a importância dos grupos de dez na mitologia dos índios norte-americanos mostra como as propriedades puramente aritméticas do número 10 determinavam tanto a estrutura como a interpretação. Na realidade, a invenção do registro escrito dos números teve lugar em um contexto que pretendia, ocasionalmente, desmitificar os números.[2]
>
> (Crump, 1993, p. 18)

A maneira como as populações sem escrita, no passado e na contemporaneidade, concebem e utilizam os números deixa evidentes as relações míticas estabelecidas entre o universo numérico e a explicação do mundo. Nesse sentido, Lévi-Strauss (2002) enfatiza que a dinâmica do pensamento dessas populações não está atrelada efetivamente a uma ação pragmática, pois seu objeto primeiro não é de ordem prática, mas de ordem intelectual. É a partir da compreensão abstrata do fenômeno observado que essas sociedades, num modelo subseqüente, procuram satisfazer as suas necessidades. Daí porque Lévi-Strauss irá discutir no livro "O pensamento Selvagem" (2002) o complexo sistema dos modelos mentais que estão na base das classificações e taxonomias das sociedades indígenas.

Neste livro, nosso principal objetivo é lançar algumas questões que possam desencadear posteriores reflexões acerca de como e porquê historicamente os sistemas de numeração se mostraram e se mostram integrados nas culturas nas quais estão inseridos. Por essa razão apresentamos e discutimos alguns aspectos sócio-históricos e culturais relacionados às construções

[2] Tradução nossa.

do conceito de número, visando contribuir para a ampliação da rede de significados desse conceito, tendo em vista as relações simbólicas e racionais constituídas na estruturação da matemática.

Esperamos, assim, contribuir para que os professores de matemática possam, a partir do material aqui apresentado, buscar subsídios que ampliem pedagogicamente o modo de abordar as noções de número e sistemas de numeração em suas atividades de sala de aula.

1

Aspectos Sócio-Cognitivos e Culturais do Número

NOSSA CIVILIZAÇÃO, tecnicista e científica, nos habituou definitivamente a considerar os números como abstrações intelectuais — chamadas nos manuais escolares de entes matemáticos — utilizadas como instrumentos convencionais de cálculos, medidas e organização (classificação, ordenação, seriação, *etc.*).

Presentes na maioria das atividades e preocupações da vida cotidiana, os números têm sua hegemonia evidenciada quando representam a criação e o acúmulo quantitativo de bens de consumo, assim como no momento em que associamos, a eles, unidades monetárias representando a dimensão quantitativa do patrimônio financeiro de grupos sociais ou empresariais. Desse modo, podemos considerar que a economia, a indústria (a tecnologia) e a política, entre outras atividades sociais, se estruturam e funcionam apoiadas nos fundamentos numéricos.

Como teria surgido o número no pensamento humano? Essa é uma pergunta que sempre mereceu inquietas reflexões, conclusões e constantes investigações tanto dos homens mais escolarizados como dos mais simples agricultores, pescadores, construtores ou vendedores ambulantes. No livro *No passado da Matemática*, Hélio Fontes (1969) lança esse questionamento, buscando localizar nos argumentos históricos alguns fundamentos cognitivos que possam contribuir na explicação desse processo criativo da mente humana.

Para Fontes (1969), os estudos sócio-antropológicos, econômicos e mesológicos apontam que os povos, em seu conjunto, partem de um estado inicial comum e vão sucessivamente superando etapas surgidas posteriormente, avançando progressivamente no domínio das idéias de quantidade e representação das mesmas, transmitindo cada uma de suas conclusões acumuladas às gerações futuras, quer na experiência cotidiana ou no processo contínuo de comunicação.

Fontes (1969, p. 2) afirma ainda que "como o incremento cultural não é dotado de aceleração uniforme, nem tampouco é sistematicamente orientado em um único sentido, os povos se apresentam em várias fases ou ciclos culturais". A afirmação de Fontes nos levar a crer que a noção de número se constrói de acordo com as manifestações sócio-culturais nas quais estão imersas as sociedades. Portanto, as formas de representação do pensamento numérico referem-se, diretamente, aos elementos vitais da natureza e da cultura de cada sociedade.

O molde cognitivo implícito nessas representações caracteriza a marca humana presente na estratégia de criação do sentido numérico, relacionando os aspectos reais e imaginários que se entrelaçam na mente humana para manifestar o pensamento numérico.

François-Xavier Chaboche (1990), no livro *Vida e mistério dos números*, afirma que a numeração é provavelmente o ato de conhecimento intelectual mais elementar e mais antigo. Para ele, enumerar objetos e compreender suas relações constituem as principais utilidades do número na origem de todas as medidas pelas quais o ser humano assume seu lugar no universo. Para isso, é necessária uma base de contagem, um sistema de referência sob o qual se pode conceber e desenvolver um sistema numérico.

A relação entre a mente do indivíduo e o desenvolvimento da compreensão do conceito de número se constituiu em um dos pontos de discussão do livro *La antropología de los números*, de Tomas Crump (1993). Na referida obra, o autor afirma que a maneira mais sensível de abordar a base cognitiva do conhecimento dos princípios numéricos é supor que não há uma diferença essencial entre as mentes de distintos indivíduos, nem entre os diferentes sistemas numéricos que esses indivíduos devem aprender a dominar enquanto crescem.

A afirmação de Crump baseia-se em dois aspectos: um biológico e outro epistemológico. Inicialmente, ele se apóia na tese de que a mente humana se desenvolve ao longo da sua maturação biológica (da infância à idade adulta) de acordo com várias fases sucessivas, nas quais o conceito de número vai se ampliando gradativamente até o indivíduo atingir a capacidade de realizar inúmeras operações numéricas, cujos fins são, geralmente, práticos e extraídos da sua vida cotidiana.

Em seguida, ele argumenta que os números naturais, no contexto da cognição, constituem-se em um sistema simbólico pertencente à linguagem humana e definido por cada cultura. Todavia, as informações históricas nos mostram que a representação simbólica é uma técnica universal que se desenvolve gradualmente com a idade e que não se vê afetada relativamente pelas variações no sistema de representação empregado, a cultura, o desenvolvimento cognitivo e o ensino.

As representações mentais e simbólicas do conceito de número manifestam-se através de um processo no qual a mente humana se baseia para criar uma linguagem de comunicação do seu pensamento, seja ela oral ou simbólica. O importante é a concretização da representação mental através de códigos elaborados para comunicar.

Assim sendo, o uso dos números em relação com a linguagem constitui-se em uma relação complexa e, para buscarmos um entendimento maior acerca dessa relação, é necessário admitirmos que a evolução do processo avançado de compreensão do número passa pelo desenvolvimento da fala. A conceituação do número e dos processos numéricos só é alcançada em uma etapa avançada do desenvolvimento cognitivo, pois antes de ser capaz de dominar os sistemas numéricos, o indivíduo desenvolve na prática sua competência lingüística que inclui a expressão numérica.

Isso significa que, mesmo que a linguagem numérica seja essencial para comunicar a compreensão dos sistemas numéricos, a linguagem concreta utilizada no cotidiano necessita incluir conceitos numéricos. Podemos, assim, dizer que os números podem estar implícitos no uso da linguagem sem que sejam suscetíveis de serem explicitados.

A relação dos números com a linguagem depende também dos propósitos com os quais os números ou os processos numéricos são usados no domínio da linguagem. Dessa maneira, podemos considerar dois tipos de uso do número nessa relação com a linguagem: o nominativo e o operacional. No primeiro, os números são usados de maneira mais freqüente como modificantes nominais, isto é, devem qualificar, geralmente, como um adjetivo, a um substantivo. Por exemplo, 8 cadeiras vermelhas localizadas em uma sala que contém 40 cadeiras de variadas cores. Podemos concluir, então, que o número oito serviu para qualificar a quantidade de cadeiras de cor vermelha.

A partir de situações como esta, os números passam a ser expressos como objetos reais, porém abstratos, criados por meio de uma interação entre nós, a linguagem e o mundo. Isso significa que, como um conceito abstrato, o número é materializado na sua representação simbólica (os numerais), ou seja, os códigos gráficos usados para representá-los. Assim sendo, a representação visual do número está assentada em dois referenciais: a palavra que expressa a quantidade e o símbolo que a representa. Podemos concluir, então, que o nome do número (expresso pela palavra) é essencial para qualquer conceituação do número.

Desse modo, portanto, é possível considerarmos que a escrita é o ponto de partida para qualquer representação do número. Sua importância reside no fato de que é possível que os números sejam registrados como meios refinados para obter resultados nas operações aritméticas. Muito antes da introdução dos registros permanentes dos números, por meios dos símbolos utilizados atualmente, os mesmos eram representados por meio dos dedos das mãos, uma prática que, historicamente, se encontra na evolução cultural da sociedade humana.

O modo exato de representação pode variar. Porém, o fato de que o número 10 seja, certamente, a base mais comum de qualquer modelo cíclico de numeração encontrado nas línguas faladas, evidenciando o uso simbólico, quase universal, dos dedos para a numeração, nos leva a considerar que os movimentos econômicos, sociais e políticos são representados quantitativamente através dos números.

Isso significa dizer que o modo como os princípios numéricos se aplicam diretamente à regulação das relações humanas, quer sejam econômicas, sociais ou políticas, certamente estabelece relações conceituais que proporcionam a criação de modelos que evidenciam quantitativamente essas relações sociais. Nesse sentido são criados modelos e estruturas numéricas que têm como finalidade a regência das atividades comparativas dos fenômenos ocorridos na natureza, na sociedade e na cultura.

Dessa maneira ocorre a distribuição dos fatos numéricos através do uso dos números cardinais, do mesmo modo como as atividades de classificação dos objetos e dos fatos se valem do uso dos números ordinais. É nesse movimento cognitivo estabelecido a partir da noção de número que passamos a processar outras atividades como a medição, a comparação e a equivalência.

A aplicação prática das técnicas numéricas é fundamental para o exercício cognitivo da medição, comparação e equivalência, proporcionando, assim, a geração de conceitos numéricos referentes à proporcionalidade. Desse modo, é possível afirmarmos que a aritmética se desenvolveu como resposta à necessidade de medir, comparar e equivaler, tendo em vista que nas sociedades tradicionais a matemática e a medição são a mesma coisa.

Outra habilidade humana, na qual o conceito de número se mostra como um pensamento importante a ser utilizado no contexto sócio-cultural, diz respeito à necessidade de atribuir uma certa quantificação, ordenação e compreensão a algo que faz parte de toda experiência humana. Trata-se dos fenômenos naturais que enfatizam o passar do tempo, bem como as atividades humanas realizadas ao longo dos dias, meses e anos, e estimulam o nosso pensamento numérico acerca dessas idéias que podem, sobretudo, controlar tais fenômenos naturais ou sociais.

Essas atividades que envolvem a noção de tempo fazem parte das experiências de todos os homens. As observações do céu e da sombra projetada pelos objetos no solo, entre outras, enfatizam a necessidade de utilização e aplicação prática do conceito de número, visto que a medição do tempo, evidenciada na sua cronologia numérica (calendários), a criação dos relógios de sol e a criação dos relógios mecânicos e digitais evidenciam a presença desse artifício cognitivo que se refina à medida que a sociedade humana vai se reorganizando sócio-culturalmente.

O uso da interpretação do tempo para estabelecer certas relações entre o tempo e os rituais religiosos e culturais, de um modo geral, também manifesta a característica numérica do pensamento humano. Basta para isso mencionarmos a conexão estabelecida entre os calendários, os rituais culturais e religiosos, bem como as práticas manifestadas nos ambientes agrícolas.

O conceito de número está intimamente relacionado com o modo como nossas mentes trabalham no tempo, ou seja, nossa idéia de tempo está estreitamente ligada ao fato de que nosso processo de pensamento consiste numa seqüência linear de atos discretos de atenção. Por isso, o tempo é naturalmente associado à contagem. (Whitrow, 1993).

Podemos com isso admitir que, no contexto do tempo, a seqüência linear implica uma série de acontecimentos, a cada um dos quais nos é possível dar uma atribuição numérica, inicialmente ordinal e posteriormente cardinal. Do ponto de vista cognitivo, podemos considerar que essa ordinalidade constitui-se na etapa inicial na qual podemos atribuir ao tempo uma característica numérica.

A partir dessas manifestações práticas e reflexivas acerca do conceito de número, como as já mencionadas nos parágrafos anteriores, podemos afirmar que há um outro predicado atribuído ao pensamento numérico: a representação monetária, o dinheiro. A base cognitiva do dinheiro está assentada nas relações de troca e na criação de um sistema que represente essas relações, apoiado nos sistemas numéricos já existentes ou, às vezes, desencadeando a criação de novos sistemas de contagem.

Crump (1993) mostra um exemplo do valor monetário exercido pelo número quando nos apresenta o fato de que, para os *Nuer* — tribo africana, o quarenta (40) era o número "ideal" de cabeças de gado no qual se valiam os noivos para dar como preço da noiva. Sabemos que esse tipo de atitude se manifesta, costumeiramente, ao longo da história da sociedade humana e não é um caso isolado dos *Nuer*. O que varia apenas é o valor estipulado e os tipos de bens envolvidos nas trocas, sejam elas simbólicas ou econômicas.

No mercado de camelos, muito comum nos países árabes, por exemplo, algumas mulheres são negociadas (trocadas) por camelos. Em todos os casos, há uma relação entre o número de camelos, cabeças de gado ou similares e o objeto que se pretende trocar (no caso, as mulheres).

Todavia, é importante mencionar que essas práticas culturais constituem-se nos elementos geradores da criação de uma simbologia que fornecerá, sobretudo, as primeiras imagens numéricas representadas nas moedas e cédulas do sistema monetário criado posteriormente.

De acordo com Crump (1993), o dinheiro é criado por nós e nos cria grandes problemas. Isso porque uma sociedade pode viver sem dinheiro, recorrendo, se for necessário, a meios alternativos para enfrentar seus problemas, sem o uso do dinheiro. No domínio cognitivo, o dinheiro proporciona o principal modelo da aritmética elementar, com seu interesse fundamental nas operações que implicam cardinais, pois é considerado um meio de comparar quantitativamente duas coisas distintas, tais como o exemplo das cabeças de gado e dos camelos em relação às mulheres.

Em qualquer cultura a representação essencial do dinheiro em termos numéricos, conforme Crump (1993), deve ter uma base cognitiva aceitável, pois um número como conceito puramente abstrato não é geralmente aceito. O dinheiro é um fenômeno numérico porque o significado e as conseqüências de qualquer operação comercial (compra, venda, pagamento) se relacionam diretamente com sua quantidade, e esse atributo quantitativo o diferencia do processo de troca, já mencionado anteriormente.

> O surgimento do sistema monetário e seu irmão, o mercado público impôs um novo tipo de disciplina mental sobre os seres humanos. Muito antes de as pessoas precisarem tornar-se alfabetizadas, o mercado exigiu que eles pudessem contar e usar números. As pessoas eram forçadas a equiparar coisas que antes nunca haviam sido equiparadas. Freqüentemente é difícil para nós, pensar em relação à era pré-monetária, uma vez que estamos tão acostumados a pensar em termos de grupos, conjuntos e categoria de coisas.
> (Weatherford, 2000, p. 41)

É possível percebermos, entretanto, que a afirmação de Weatherford (2000) reitera as estratégias de pensamento que implicam na formulação do conceito e do sentido numérico e suas relações com as diversas atividades humanas, principalmente em se tratando do processo de aquisição e acumulação de bens, no contexto da sociedade e da cultura. Essas diversas formas de manifestação cognitiva, que levam à formulação numérica do sistema monetário, evidencia princípios de contagem e seus sistemas de referência, conforme a necessidade e interesse social.

> O uso da contagem e dos números, do cálculo e da numeração, impeliu uma tendência à racionalização do pensamento humano que não se apresenta em outra cultura tradicional sem o uso do dinheiro. O dinheiro não tornava as

> pessoas mais espertas, fazia-as pensar de formas diferentes, em números e seus equivalentes. Tornou o raciocínio muito menos personalizado e muito mais abstrato.
>
> (Weatherford, 2000, p. 41–42)

Essas "novas" formas de racionalização humana representadas pela criação material e imaginária do dinheiro ampliam a capacidade de representação mental e simbólica do conceito de número. Trata-se de um processo lúdico no qual as combinações numéricas emergem à medida que cada situação-problema surge. Em tais situações, os desafios provocam o surgimento de (re)ordenações mentais de acordo com os objetivos e metas a serem alcançadas pelos desafiados.

Um aspecto do conceito de número, que é bastante envolvente e se destaca fortemente no contexto sócio-cultural, está presente nos diversos jogos de azar. Trata-se de uma atividade lúdica que envolve, geralmente, lógicas combinatórias e probabilísticas, tendo em vista o alcance de objetivos determinados pelos próprios jogadores ou pelas regras estabelecidas previamente no jogo. Podemos citar, por exemplo, as loterias e os sorteios em geral, tais como o jogo do bicho (loteria dos animais; loteria dos sonhos); a quina da loto; a sena ou a mega sena, cujas práticas estão centradas na busca de uma combinação numérica mais adequada, visando obter o maior número de acertos possíveis em cada sorteio em que o jogador estiver envolvido.

O jogo do bicho, por exemplo, está baseado na combinação da seqüência de números de 1 a 25, de modo a compor grupos de 2, 3, 4 números, a partir de diversas ordens (grupo — unidade, dezenas, centenas, milhares, *etc.*), utilizando combinações através de operações de multiplicação, a fim de obter, com isso, o resultado imaginado. Os aspectos numéricos do jogo do bicho são muitos e se configuram em um material de forte apelo para o desenvolvimento cognitivo dos alunos durante as aulas de matemática.

Há outros aspectos sócio-cognitivos e culturais do número que merecem ser abordados, assim como há necessidade de aprofundamento daqueles que foram mencionados neste capítulo. Todavia, o nosso propósito aqui é dar uma visão panorâmica dessas relações, considerando que as futuras abordagens serão feitas por aqueles que se interessarem por essa temática.

ATIVIDADE 1

1. Diante da leitura realizada, quais os aspectos sócio-cognitivos e culturais gerados a partir do conceito de número? Mencione os principais pontos relevantes a esse respeito.
2. De acordo com o texto, quais os fatores que evidenciam a existência do pensamento numérico entre os seres humanos? Em quais períodos esses aspectos ficam mais evidentes?
3. Discuta com outros colegas quais os princípios cognitivos que levam à utilização do conceito de número na elaboração de cronômetros e calendários para a medição do tempo.
4. Comente em grupo e faça uma lista de várias atividades nas quais há evidências do pensamento numérico, comentando cada uma delas. Procure agrupá-las por categorias de aproximação, criando um quadro demonstrativo do processo.
5. Faça seus comentários pessoais acerca da criação do sistema monetário e suas possíveis relações com o conceito de número.
6. Como você utilizaria as informações apresentadas neste capítulo, ao abordar a noção de número e sistema numérico com seus alunos?
7. Além dos aspectos sócio-culturais, econômicos e históricos sobre o conceito de número, abordados neste capítulo, quais aspectos ainda poderiam ser mencionados aqui?

2

Os Números e suas Simbologias nas Tradições

A TRADIÇÃO CULTURAL É, para nós, um fator de reflexão para compreendermos uma sociedade, pois um povo sem tradição é uma árvore sem raiz, ou seja, sem um conjunto de saberes que compõem a sua *ciência primeira*. O ensino da matemática tem, nas informações históricas, um potencial amplo de utilização desses saberes, cheios de matizes que subsidiarão o desenvolvimento de uma Educação Matemática transdisciplinar.

As tradições presentes na história dos números, com seus detalhes singulares, contribuem para a realização de uma aula mais significativa e enriquecedora. Utilizando tais informações é possível esclarecermos diversas questões aritméticas relacionadas aos aspectos cognitivos do conhecimento construído. Para isso, precisamos conhecer o simbolismo de cada um dos números na Antigüidade, bem como nos tempos modernos, com vistas a compreender um pouco das práticas numéricas entre os diversos grupos culturais.

Nas tradições, o número sempre foi considerado uma linguagem que estabelece ligações entre os saberes elaborados milenarmente e todas as ciências que dele fazem uso. Tal linguagem evidencia um simbolismo que é transformado em leis de correspondências que expressam a realidade de forma quantitativa. Para isso, as tradições não consideram somente as propriedades lógicas, aritméticas, algébricas ou geométricas dos números, mas também, e principalmente, os saberes expressos nas suas dimensões simbólicas, psicológicas, lúdicas, poéticas, mágicas, entre outras.

Essas dimensões do número, expressas pelos saberes tradicionais, constituem-se em um dos meios que podem conduzir os professores ao alcance de seus objetivos educacionais no ensino de aritmética, através das tonalidades significativas que as tradições culturais refletem: educar e retomar os valores culturais da sociedade, considerando que esse é o material necessário para que os estudantes possam conhecer o mundo que os cerca, fortalecendo a sua identidade sócio-cultural.

Com efeito, a concepção de que os números desempenham um papel tão importante na vida humana toma um sentido mais universal. Isso fica mais evidente quando percebemos que, nos idiomas de certos povos, encontram-se várias designações para o conceito de número, cada uma delas aplicada a uma espécie de objetos. Além disso, qualquer acontecimento, por mais simples que seja, está forçosamente vinculado a uma composição numérica que o representa, seja relacionada à duração do fato, ao momento em que o mesmo ocorreu ou até mesmo relacionada ao número de pessoas ou objetos envolvidos. A partir dessas situações, as sociedades foram elaborando suas explicações para os fatos acontecidos, gerando, assim, inúmeras narrativas acerca da origem e significado dos números na vida humana.

As diversas narrativas tradicionais sobre os números, no contexto das diversas sociedades e culturas, podem tornar-se objetos de um proveitoso exercício matemático na sala de aula, pois ensinar conceitos numéricos não é somente levar o aluno a resolver operações e problemas aritméticos que, muitas vezes, são apresentados artificialmente. É necessário, sempre que possível, incorporar aspectos sócio-culturais que possam dar significado a essas operações e problemas. Desse modo, é bastante salutar dar ao aluno oportunidades de vivenciarem experiências significativas, num ambiente de segurança e imaginação matemática criativa.

As expressões anônimas da sociedade, manifestadas nos saberes tradicionais apresentados de forma oral ou escrita, ao longo do tempo, co-existem com os saberes acadêmicos em todos os graus e culturas. Nelas estão evidenciados os valores integrais da cultura matemática gerada na e pela sociedade humana.

As informações relacionadas às tradições dos números podem ser muito utilizadas como elementos didáticos facilitadores e enriquecedores do processo educativo das noções de número, contagem e operações aritméticas. Isso porque, estudiosos sobre o assunto afirmam que os números se conservam na tradição cultural, transplantando inúmeras interpretações das classes cultas de outras épocas. A partir das concepções acerca dos números, foram criadas muitas narrativas, trovas, provérbios, adivinhações, jogos, superstições, *etc.*, com a finalidade de explicar o modo como esses números adquiriram significado na vida humana.

Luís da Câmara Cascudo, no *Dicionário do folclore brasileiro* (2000, p. 424), menciona que, desde a mais remota Antigüidade, os números exerceram uma grande influência na vida das pessoas. As primeiras superstições surgiram a partir de alguns números, considerados cabalísticos. Certos números ímpares, por exemplo, sempre foram respeitados, temidos ou até venerados pelos povos antigos.

Vejamos, a seguir, várias simbologias e representações que expressam as concepções da sabedoria da tradição cultural de algumas sociedades que tiveram os números como elementos importantes na orientação de suas vidas[1].

---

[1] As principais informações a respeito dos números nas tradições foram extraídas dos livros *Dicionário dos Símbolos* (Chevalier & Gheerbrandt, 2001), *Dicionário do Folclore Brasileiro* (Câmara Cascudo, 2000) e alguns livros escritos por Malba Tahan.

O NÚMERO 1

De acordo com Chevalier & Gheerbrandt (2001), no *Dicionário dos Símbolos*, o número 1 representa o homem de pé e a verticalidade como sinal distintivo da espécie humana. O 1 é considerado o princípio criador. Representava, na Antigüidade, a força criadora de tudo, a harmonia e o mistério do universo. Era o deus dos números e o Sol, o centro das energias vitais.

Carl Gustav Jung (cf. Chevalier & Gheerbrandt, 2001) distinguiu toda uma série de símbolos chamados de *símbolos unificadores*, que tendem a conciliar os contrários, sintetizar os opostos. Como exemplo apresenta *a quadratura do círculo*; *as mandalas*; *os hexagramas*; *o selo de Salomão*; *a roda*; *o zodíaco, etc.*

Malba Tahan (1989), em *Os números governam o mundo*, apresenta algumas considerações sobre o número 1, tais como a versão de que nos hieróglifos egípcios o 1 era representado por um dedo esticado apontado para cima. Afirma, ainda, que nas escritas antigas (chinesa, árabe, persa, *etc.*), esse número era representado por uma barra pequena e, algumas vezes, por um simples ponto (escrita maia). Já os gregos e hebreus representavam o 1 através da primeira letra do seu respectivo alfabeto.

Baseado na obra de Dario Veloso, intitulada *Templo Maçônico*, Malba Tahan (1989) garante que na maçonaria o 1 simboliza a unidade, o princípio, o grande mistério do cosmos, das origens. É o átomo, a molécula, a célula. É o signo cabalístico da geração, da fecundação; a causa sem causa da vida.

Monteiro Lobato, em *Aritmética da Emília*, apresenta o número 1 como o *puxa-fila*, o *pai de todos* e justifica tal pseudônimo da seguinte maneira:

> (...) O que entrou na frente, o puxa-fila, é justamente o pai de todos — o Senhor 1.
>
> — Por que pai de todos? — perguntou Narizinho.

— Por que se não fosse ele os outros não existiriam. Sem 1, por exemplo, não pode haver 2, que é 1 + 1; nem 3, que é 1 + 1 + 1 — e assim por diante.

(Lobato, 1995, p. 9)

O número 1 é o primeiro passo da trilha, o início da série e o ponto do qual se desencadeia as linhas e os nós da teia numérica a ser construída pela aritmética. É a partir deste *puxa-fila* que o diálogo numérico se instala na cognição humana.

O NÚMERO 2

PARA OS SÁBIOS DA ANTIGÜIDADE, o número 2 separava as coisas materiais e representava a justiça. No *Dicionário dos Símbolos*, Chevalier & Gheerbrandt (2001, p. 346–347) mostram que o 2 é considerado o símbolo de oposição, de conflito e de reflexão. Indica o equilíbrio realizado ou ameaças latentes. É a cifra de todas as ambivalências e dos desdobramentos. É a primeira e a mais radical das divisões (o criador e a criatura, o branco e o preto, o masculino e o feminino, o dia e a noite, a matéria e o espírito, *etc.*), aquela de que decorrem todas as outras. Na Antigüidade era atribuído à Mãe: designa o princípio feminino.

Simboliza o dualismo sobre o qual repousa toda a dialética, todo o esforço, todo combate, todo movimento, todo progresso. Mas a divisão é o princípio da multiplicação bem como o da síntese. E a multiplicação é bipolar, ela aumenta ou diminui segundo o signo que afeta o número.

Teresa Vergani (1991), em *O zero e os infinitos*, apresenta o número na tradição oral do povo português, mencionando adivinhas populares ditas de fronteira, versos de cantigas e rimas que abordam diversos números. O número 2 é apresentado em alguns versos como:

Não sou tão tola
Que caia em casar
Mulher não é rola

Que tem um só par

O coração tem dois quartos
Onde moram sem saber,
Num a dor, noutro o prazer

Filhos casados
Cuidados dobrados

Quem tem duas asas só
E com seis quer voar
Há-de cansar e chorar

Mulher que a dois ama
A dois engana

Mais vale um toma
Que dois te darei.

(Vergani, 1991, p. 145–146)

Os versos apresentados evidenciam claramente o uso do conceito de dualidade ou dobro no exercício cognitivo para explicar ou conduzir as situações surgidas no contexto sócio-cultural.

Câmara Cascudo (2000) também faz uma alusão ao número 2 quando nos apresenta o *Dois-Dois*, uma expressão que, segundo Cascudo, é a denominação popular dos Ibeiji, os santos Cosme e Damião, cuja manifestação fica bastante evidenciada em trovas populares como a seguinte:

Cadê sua camisa
Dois-dois
Dois jogando bola,
Dois jogando bola,
com ela.
Dois jogando bola.
Quem não tem pena,
Mamãe;
Quem não tem dó,
De ver dois-dois
Na roda brincando só? ...

(Cascudo, 2000, p. 201)

Outra trova popular, abordando o número 2, através de uma expressão que enfatiza o seu valor quantitativo sob a forma de versos e rimas, está presente em *Os olhos*, extraído do *Dicionário do Folclore Brasileiro*.

Duas caixinhas iguais,
Caixas de bom parecer
Elas se abrem e se fecham
Sem ninguém nelas mexer.

(Cascudo, 2000, p. 549)

Assim como os olhos, podemos ainda associar ao número 2 às orelhas, aos ouvidos, às mãos, aos braços, às pernas, aos pés, aos orifícios nasais e aos pulmões.

Malba Tahan (1989) denomina o 2 como o número da justiça e apresenta algumas palavras dele derivadas, como duvidar (do latim *dubitare*); dúbio; dueto; duelo; duodécimo; duplicidade; duplo, *etc*. Além disso, menciona o prefixo bi ou bis, que significa a idéia de duplicidade já abordada anteriormente, e exemplifica através dos termos bicolor, bicicleta, binômio, bilateral, bípede, *etc*.

Para Tuball Kahan (1989), no livro *A ciência sagrada dos números*, o número 2 refere-se ao movimento da vida, que possui ação e reação; força centrípeta e centrífuga; o bem e o mal; a sombra e a luz; os dois pólos: norte e sul — expansão e retração. Uma célula possui dois movimentos rítmicos no seu protoplasma: aspiração e expiração. O coração possui sístole e diástole, ou seja, contração e distensão. Nossos pulmões possuem aspiração e expiração. O estômago e as glândulas do aparelho digestivo assimilam e expelem suco gástrico.

Os exemplos fornecidos por Kahan (1989) nos levam a estabelecer uma conexão maior entre o sentido numérico atribuído ao 2 e as inúmeras situações naturais e sócio-culturais nas quais estamos imersos. Isso dá uma ampliação maior à rede de significados na qual o número 2 está sendo construído.

O NÚMERO 3

PARA OS SÁBIOS ANTIGOS, o número 3 simbolizava a junção (adição) da unidade com a dualidade (1 + 2), formando, assim, a trindade divina — pai, filho e espírito santo [1 + (1 + 1)]. A sua imagem geométrica pode ser representada pelo triângulo eqüilátero. Remete-nos à trindade dos cristãos que se reúne em um só Deus. O 3 refere-se também aos reinos da natureza — animal, vegetal e mineral.

Para Câmara Cascudo, o 3 é considerado um número simbólico e misterioso, pois entre os gregos e romanos ele tinha um poder oculto, inspirando enigmas, superstições, crendices, provérbios e ditos populares, tais como nos versos de Terezinha de Jesus:

Terezinha de Jesus
Deu uma queda foi ao chão
Acudiu três cavalheiros
Todos três chapéu na mão
O primeiro foi seu pai,
O segundo seu irmão,
O terceiro foi aquele
A que Tereza deu a mão.

(Cascudo, 2000, p. 697)

Baseando-se nos versos da cantiga Terezinha de Jesus, o compositor Chico Buarque de Holanda constrói metaforicamente a sua Terezinha, mostrando outra situação mundana na qual ela expressa sua condição humana de mulher e as suas relações amorosas, em três grandes momentos:

O primeiro me chegou
Como quem vem do florista
trouxe um bicho de pelúcia
trouxe um broche de ametista ...
O segundo me chegou
Como quem chega do bar
Trouxe um litro de aguardente

Tão amarga de tragar ...
O terceiro me chegou
Como quem chega do nada
Ele não me trouxe nada
Também nada perguntou

Vemos que, em ambos os casos, as "Terezinhas" têm no número 3 a sua oportunidade de se reerguerem de uma queda, seja ela física ou moral. Isso nos leva a refletir sobre a relação do número 3 com o inferno, terra e céu, metaforizados nas duas versões das "Terezinhas".

No *Dicionário dos Símbolos*, o 3, como primeiro ímpar, é o número do céu e, de acordo com os chineses, é um número perfeito (tch'eng), que significa a expressão da totalidade, da conclusão. Os reis magos eram três e simbolizam as três funções do rei do mundo atestadas na pessoa do Cristo que nasce: rei, sacerdote e profeta. São 3 os elementos da grande obra alquímica: o enxofre, o mercúrio e o sal.

Malba Tahan (1989) denomina o 3 de *número divino* e, para isso, justifica através do seguinte provérbio: *Três é a conta que Deus fez*. Ele explica também que, em sânscrito, o 3 tinha um significado aproximado ao vocábulo *excede*, por exceder ao termo antecedente 2.

Outras informações acerca do significado vital atribuído ao 3 merecem uma investigação mais detalhada. Todavia, essa é uma atividade desafiadora aos que pretendem enveredar pelo caminho da busca de explicação para o sentido oral, escrito e simbólico deste número.

O NÚMERO 4

As simbolizações relacionadas ao número 4 se ligam às do quadrado e da cruz, significando a solidez, o tangível, o sensível, a plenitude, a universalidade e a totalização. Referem-se, ainda, às operações básicas da aritmética (adição, subtração, multiplicação e divisão), aos quadrantes do círculo trigonométrico, aos naipes do baralho, aos pontos cardeais, às fases da lua, às estações do ano, aos quatro elementos (água, terra, fogo e ar) e aos estágios da vida humana (infância, juventude, maturidade e velhice).

Para os dogon (população nativa do Mali), o 4 é o número da feminilidade, e, por extensão, o Sol, símbolo da matriz (útero) original. A matriz fecundada, representada como um ovo aberto embaixo, réplica terrestre do ovo cósmico (fechado), tem por valor 4.

Já os árabes tomavam o 4 como o número base para agrupar valores que serviriam de parâmetro para a análise da beleza feminina. Essa prática se desenvolvia a partir de nove grupos de 4:

- Quatro pretos: cabelo, sobrancelhas, cílios e olhos;
- Quatro brancos: pele, branco dos olhos, dentes, pernas;
- Quatro vermelhos: língua, lábios, faces, gengivas;
- Quatro redondos: cabeça, pescoço, antebraço, tornozelos;
- Quatro longos: costas, dedos, braços, pernas;
- Quatro largos: fronte, olhos, nádegas, lábios;
- Quatro finos: sobrancelhas, nariz, lábios, dedos;
- Quatro grossos: nádegas, coxas, panturrilhas, joelhos;
- Quatro pequenos: seios, orelhas, mãos, pés.

Aritmeticamente, o 4 pode ser gerado do 1, do 2 ou do 3, sob formas diferenciadas ($1 + 1 + 1 + 1$; $2 + 2$; $1 + 3$; 2×2 e 2^2). Vemos que o 4 pode ser expresso pela duplicidade do 2 ou por um quadrado 2 (2^2), que representa o quadrado geométrico e que pode, ainda, ser representado através da adição de $1 + 3$.

O NÚMERO 5

De acordo com Chevalier & Gheerbrandt (2001), o número 5 representa a *união* ou o número do casamento, porque se constitui a partir da soma do primeiro número par e do primeiro número ímpar (2+3). Além disso, por ser o termo central da seqüência dos nove primeiros números, o 5 é considerado também o número do centro da harmonia e do equilíbrio. É, por conseguinte, a cifra das hierogamias, o casamento do princípio celeste (3) e do princípio terrestre da mãe (2). Representa o número do signo de gêmeos, na astrologia, cuja composição se dá pela união do masculino com o feminino.

É ainda o símbolo do homem (braços abertos, o homem parece disposto em cinco partes em forma de cruz: os dois braços, o busto, o centro — abrigo do coração — a cabeça, as duas pernas). O 5 representa também os cinco sentidos e as cinco formas sensíveis da matéria: a totalidade do mundo sensível.

O caráter primitivo de wu (5) é, precisamente, a cruz dos quatro elementos, aos quais se junta o centro. Numa fase ulterior, dois traços paralelos aí se unem: o céu e a terra, entre os quais o yin e o yang, produzem os 5 agentes. Também os antigos asseguram que debaixo do céu as leis universais são em número de 5.

A harmonia pentagonal dos pitagóricos é igualmente associada ao 5, que deixou sua marca na arquitetura das catedrais góticas. A estrela de cinco pontas e a flor de cinco pétalas estão postas, no símbolo hermético, no centro da cruz dos 4 elementos: é a *quintessência*, ou o éter.

Há 5 vísceras, 5 continentes no planeta e, naturalmente, 5 sentidos. Cinco é o número da Terra. É a soma das quatro regiões cardeais e do centro, o *universo manifestado*. Mas também a soma de 2 e 3 que são a terra e o céu na sua natureza própria: conjunção, casamento do yin e do yang, do T'ien e do Ti. É o número fundamental das sociedades secretas. É essa união que as 5 cores do arco-íris simbolizam. É, ainda, o número do coração.

Na China, igualmente, o 5 é o número do *centro*. Encontra-se na casa central de *Lochu* (Lo Chou), representado aritmeticamente através do quadrado mágico envolvendo a seqüência 1, 2, 3, 4, 5, 6, 7, 8, 9.

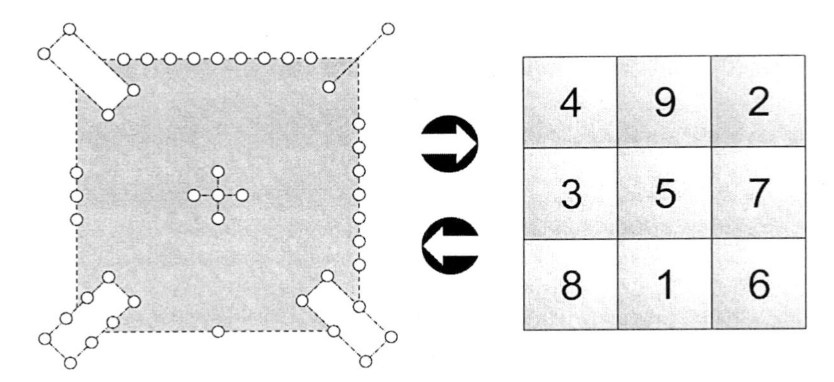

FIGURA 2.1 *Representação geométrica do Lo Chou, a partir do quadrado mágico (Ver Vergani, 1991).*

Na América Central, o 5 é um número sagrado, pois no período agrário, constituiu-se no símbolo numeral do deus do milho. Nos manuscritos, bem como na escultura maia, é representado freqüentemente por uma mão aberta (cinco dedos). A sacralização do 5 justifica-se pelo processo de germinação do milho, cuja primeira folha sai da terra após 5 dias depois da semeadura. O 5 surge também nessa cultura sob a forma de um peixe e, ainda hoje, os *Chorti*, descendentes dos maias, associam o 5 ao milho e ao peixe.

O NÚMERO 6

O NÚMERO 6 representava a natureza com os pontos cardeais, o nadir e o zênite. Era o signo da perfeição e se expressa através dos 6 triângulos eqüiláteros que compõem o hexágono regular inscrito na circunferência. A unidade de medida de cada lado dos triângulos eqüiláteros corresponde ao raio da circunferência na qual está inscrito o hexágono composto pelos triângulos.

O 6 corresponde ao número de pontas do polígono estrelado, construído a partir de dois triângulos eqüiláteros conjugados, invertidamente, para formar a estrela de 6 pontas (o selo de

Salomão ou escudo de Davi), o emblema de Israel. Representa ainda a união criadora do yang e do yin (macho e fêmea), evidenciados na conjugação dos dois triângulos eqüiláteros.

O 6 corresponde, simultaneamente, à soma e ao produto dos três primeiros números ($1 + 2 + 3 = 6$ e $1 \times 2 \times 3 = 6$), representado, também pelo fatorial de três, ou seja, $3! = 3 \times 2 \times 1 = 6$. Além disso, $6^2 = 1^3 + 2^3 + 3^3$.

A origem da criação também está relacionada com o número 6, pois, de acordo com a Bíblia, 6 foram os dias da criação e foi no sexto dia que o homem foi criado, conforme o Gênesis. Além disso, a Bíblia aponta o sexto dia da semana como o dia da morte de Cristo, na cruz.

O 6 está relacionado com a relação entre o raio da circunferência e o seu comprimento, de forma aproximada, pois é a partir dessa medida que dividimos a circunferência em 6 partes iguais, com auxílio do compasso, conforme a figura 2.2.

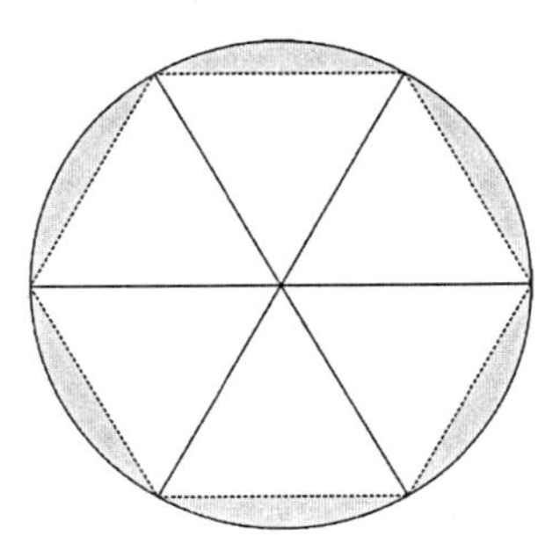

FIGURA 2.2 *hexágono regular*

O NÚMERO 7

O 7 SEMPRE ESTEVE LIGADO aos saberes da tradição milenar, geralmente por estar relacionado com fatos ou acontecimentos que marcaram a vida da humanidade no planeta. Na mitologia grega, por exemplo, o 7 estava consagrado à deusa

Minerva, e era no sétimo dia de cada mês que se realizavam as cerimônias em homenagem a Apolo, o deus da beleza.

São 7 os dias da criação e as cores do arco-íris, assim como são também as maravilhas do mundo antigo. O Novo Testamento consagra as 7 palavras que Jesus disse na cruz. Sete são os pecados capitais, assim como os arcanjos do céu e as dores de Nossa Senhora.

Sete são os dias da semana, os 7 palmos de fundura (a cova) e a famosa conta de mentiroso. O 7 também representa o total de dias para cada uma das 4 fases da lua, cujo ciclo totaliza 4 x 7 = 28 dias. Os anões da Branca de Neve eram 7, assim como também eram as esposas de Barba Azul.

Vem da tradição oral do povo português, conforme Vergani (1991), a trova que aborda o número 7 e alguns de seus múltiplos, bem como o sentido misterioso desse número:

Sete e sete são quatorze
Com mais sete vinte e um
Tenho sete namorados
Mas não caso com nenhum
Passei rente ao alecrim
Sete folhas lhe colhi:
Eram os sete sentidos
Que eu tinha postos em ti.

(Vergani, 1991, p. 144)

Além disso, a soma dos sete primeiros números, a partir da unidade (1 + 2 + 3 + 4 +5 + 6 +7) dá como resultado 28, que é um múltiplo de 7 (28 = 4 x 7, onde 4 está no centro da seqüência de 1 a 7). O 7 é o único número, entre os primeiros dez, que não é (aritmeticamente) nem múltiplo, nem divisor de qualquer número da seqüência de 1 a 10. Observando a seqüência 1, 2, 3, 4, 5, 6, 7, 8, 9, 10, veremos que: o 2 é divisor de 4, 6, 8 e 10; o 3 é divisor de 6 e de 9; o 4 é múltiplo de 2 e divisor de 8; o 5 é divisor de 10; o 6 é múltiplo de 2 e de 3; o 8 é múltiplo de 2 e de 4 e o 9 é múltiplo de 3. O 7 também está relacionado com o heptágono regular.

A figura 2.3 apresenta um processo de construção desse polígono regular (heptágono), de acordo com Chaboche (1993, p. 150). É necessário traçar três circunferências concêntricas (A; B e C) com diâmetros medindo em proporção x; 3x; 9x. Em seguida, traça-se uma tangente à circunferência A, de qualquer ponto de C, cruzando B em dois pontos b e b'. De b' traça-se nova tangente a A, cruzando C em um ponto c. Recomeça-se a operação a partir de c e assim sucessivamente até obter uma estrela dupla. Ligando as pontas das estrelas tem-se dois heptágonos quase perfeitos.

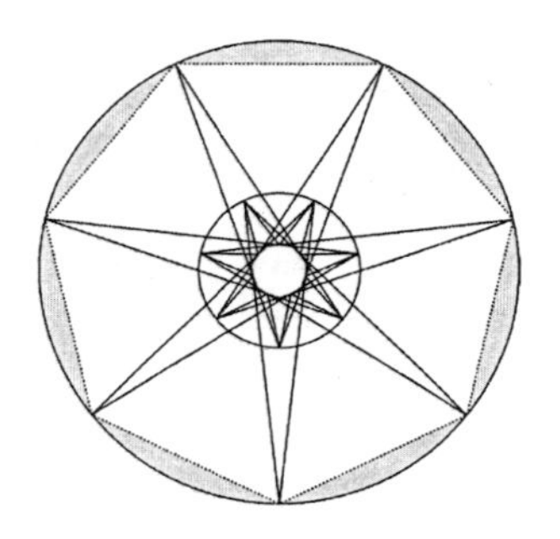

FIGURA 2.3 *heptágono regular*

O NÚMERO 8

O NÚMERO 8, conforme a tradição dos sábios antigos, favorecia todos os trabalhos do homem. Era o símbolo da igualdade humana. De acordo com Chevalier & Gheerbrandt (2001, p. 651–653), o número 8 é considerado, universalmente, o número do equilíbrio cósmico, pois é o número das direções cardeais, ao qual se acrescenta o das direções intermediárias: o número da rosa-dos-ventos, da torre dos ventos ateniense (fig 2.4).

Por ser representado pelo octógono, o 8 é concebido como um valor de mediação entre o quadrado e o círculo subdividido em 4 partes iguais (4 + 4), veja fig. 2.5.

Já na Antigüidade, o 8 era empregado, quando em posição

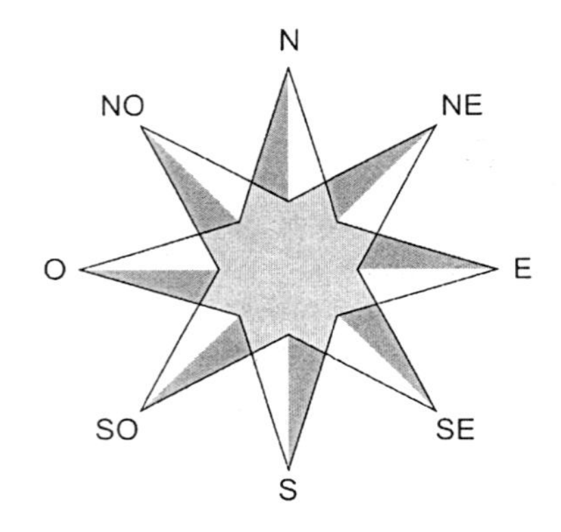

FIGURA 2.4 *Rosa dos Ventos*

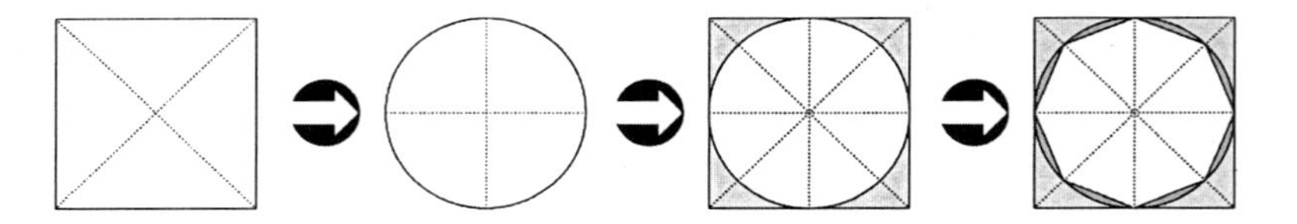

FIGURA 2.5 *uma construção de um octógono regular*

horizontal, para designar o infinito. Em seu aspecto similar à fita de Moebius estilizada, o 8 é utilizado na representação da "cadeia da união" na doutrina maçônica (fig. 2.6), o grafismo do 8 é repetido em sucessão periódica (fig. 2.7).

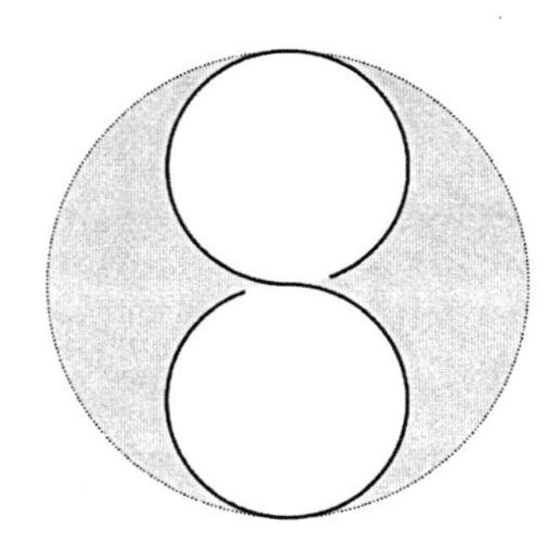

FIGURA 2.6 *"cadeia da união"*

FIGURA 2.7 *sucessão periódica*

O NÚMERO 9

O NÚMERO 9 é considerado o 'zero' de um ciclo superior de numeração, pois ele representa o começo e o fim, muitas vezes atribuído a Cristo (o alfa e o ômega). Para muitos sábios antigos, esse era o emblema da matéria que é sempre variável, mas nunca é destruída.

Aritmeticamente, encontramos uma prática operatória da seguinte maneira: se tivermos, por exemplo, um número como o 801, poderemos reduzi-lo a um número de um único dígito a partir da soma dos seus algarismos, da seguinte maneira: $8 + 0 + 1 = 8 + 1 = 9$.

Há, porém, outro exemplo com o número 236, que pode ser reduzido ao número 2, ou seja: $2 + 3 + 6 = 2 + 9 = 11 = 1 + 1 = 2$. Essa redução ocorre a partir da extração da soma 9, gerada na adição dos algarismos que compõem o número 236 (*noves fora*).

É possível também verificarmos uma relação estabelecida entre a soma 6 + 3, o produto 3 x 3 e a potência 3^2, tendo como resultado o 9. Além disso, o 9 corresponde à soma dos três

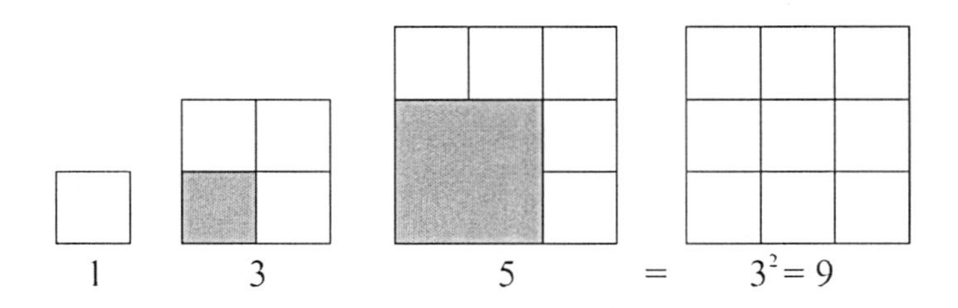

FIGURA 2.8

primeiros números ímpares da seqüência, ou seja, $1 + 3 + 5 = 3^2 = 9$, geometricamente representado na figura 2.8.

Alguns autores chamam a atenção para o fato de que o 9, quando multiplicado por qualquer número natural, sempre se reproduz. Desse modo, podemos perceber que:

$$\begin{aligned}
9 \times 2 = 18 &\Longrightarrow 1 + 8 = 9 \\
9 \times 3 = 27 &\Longrightarrow 2 + 7 = 9 \\
9 \times 4 = 36 &\Longrightarrow 3 + 6 = 9 \\
9 \times 5 = 45 &\Longrightarrow 4 + 5 = 9 \\
9 \times 6 = 54 &\Longrightarrow 5 + 4 = 9 \\
&\vdots \\
9 \times 14 = 126 &\Longrightarrow 1 + 2 + 6 = 9 \\
&\vdots
\end{aligned}$$

O NÚMERO 10

O 10 EVOCA, para os mágicos antigos, toda a beleza e perfeição do universo. Nessa visão, o 10 era representado pela soma: $1 + 2 + 3 + 4 = 10$, expressa geometricamente pela harmonia entre o ponto, a reta, o plano e o espaço.

O ponto representava a origem (o 1); dois pontos determinam uma reta (o 2); três pontos não colineares determinam um plano (o 3), e quatro pontos correspondem ao sistema tridimensional de coordenadas do espaço, desde que um desses pontos esteja fora do plano (três são coplanares). Para outros, o 10 representava a união fraternal simbolizada pelo aperto das mãos (com seus 10 dedos).

As inúmeras informações extraídas dos saberes tradicionais contribuem para que a matemática ensinada na escola ganhe novos enfoques e despertem o interesse e a curiosidade dos estudantes, pois desenvolvem a atenção necessária à resolução de problemas aritméticos.

É através desses saberes que podemos ensinar o valor e o cálculo com os números, além de transportar os estudantes para um mundo imaginário e poético, o qual, pela riqueza de informações, oferece aspectos práticos que podem e devem ser aproveitados pelo professor.

ATIVIDADE 2

A partir das informações apresentadas, elabore algumas atividades que envolvam os aspectos abordados, tendo em vista a ampliação das possibilidades cognitivas dos estudantes e o uso criativo dos números no seu contexto sócio-cultural.

3

A Concepção Pitagórica dos Números

PARA OS PITAGÓRICOS, a primeira divisão natural dos números era em pares e ímpares, sendo o par aquele que é divisível em duas partes iguais, sem deixar uma mônada[1] entre elas. O número ímpar, quando dividido em duas partes iguais, deixa a mônada entre elas.

Todos os números pares (exceto a díada — dois — que é simplesmente duas unidades) podem ser divididos em duas partes iguais, e também em duas partes desiguais, de tal modo que em nenhuma das divisões fique a paridade misturada com a imparidade, nem a imparidade misturada com a paridade. O número binário 2 não pode ser dividido em duas partes desiguais. Assim, 10 divide-se em 5 e 5 (partes iguais), mas também divide-se em 3 e 7, duas imparidades, e em 4 e 6, duas paridades. O 8 divide-se em 4 e 4, iguais e paridades, 2 e 6, duas paridades e em 3 e 5, duas imparidades.

---

[1] Esse termo, de origem grega, significa "unidade", e era muito usado pelos pitagóricos. Neste caso indica que a divisão deve ser exata e não deixar resto 1.

O número ímpar, entretanto, só era divisível em partes desiguais, uma paridade e uma imparidade. Assim, 7 pode ser dividido em 3 e 4, em todos os casos, em partes desiguais, uma ímpar e outra par.

Os antigos também assinalavam que a mônada era "ímpar" e o primeiro "número ímpar", porque não pode ser dividida em dois números iguais. Outra razão que viam era a mônada, adicionada a um número par, tornando-se um número ímpar; mas se pares forem adicionados a pares, o resultado será um número par.

Aristóteles, em seu tratado pitagórico, assinala que a mônada participa também da natureza do número par, porque quando adicionada ao ímpar produz o par e, adicionada ao par, produz o ímpar. Daí ser chamada "uniformemente ímpar".

A mônada, portanto, é a primeira idéia de número ímpar; e assim os pitagóricos falam "dois" como a "primeira idéia da díada definida", e atribuem o número dois ao que é indefinido, desconhecido e não ordenado no mundo; da mesma forma como adaptam a mônada a tudo o que é definido e ordenado. Eles notaram, também, que na série de números, iniciada pela unidade, se ela for adicionada a cada um dos termos, produz o termo seguinte e, assim, a razão entre este e aquele diminui; assim 2 é 1 + 1 ou o dobro de seu predecessor; 3 não é o dobro de 2, mas sim 2 e a mônada, e assim por diante, ao longo de toda a série numérica.

Eles também observaram que cada número é metade do todo formado pelos números em torno dele, na série natural. Assim, 5 é a metade de 6 e 4, e é também a metade da soma dos números acima e abaixo desse par. Assim, 5 é também metade de 7 e 3 e assim por diante até chegar à unidade, pois somente a mônada não tem dois termos, um abaixo e outro acima, cuja metade da soma tenha a unidade como resultado. Ela só tem números acima de si e por isso se diz que é a "fonte de toda a multiplicidade".

O exemplo dessa relação é explicitado no quadrado mágico

(fig. 3.1) formado pela série 1, 2, 3, 4, 5, 6, 7, 8, 9 que, distribuída harmonicamente no quadrado a seguir, sempre terá como soma, em qualquer direção, o 15 (vertical, horizontal e diagonal).

4	9	2
3	5	7
8	1	6

FIGURA 3.1

Se analisarmos as posições dos números colocados no quadrado mágico apresentado, verificaremos que o 5 posiciona-se sempre no centro do quadrado. Tal posição justifica-se pelo fato de representar a média aritmética dos extremos eqüidistantes a ele, ou seja, essa é uma das representações do enunciado apresentado no parágrafo anterior.

O quadrado mágico apresentado anteriormente tem sua configuração gráfica apresentada na figura 3.2. Trata-se de uma representação chinesa, intitulada "Lochu (Lo Chou)", que, segundo alguns historiadores, já era conhecida há, aproximadamente, 6.000 anos.

O quadrado mágico apresentado constituía-se num amuleto usado pelos antigos, por possuir virtudes sobrenaturais. Atribuía-se a ele o poder de curar uma pessoa que estivesse doente de peste ou que fosse mordida de escorpião (Malba Tahan, 1973).

Outro termo, aplicado antigamente a certos tipos de números pares, foi o de "uniformemente par". Tal termo refere-se aos números que se dividem em duas partes iguais, cujas partes têm

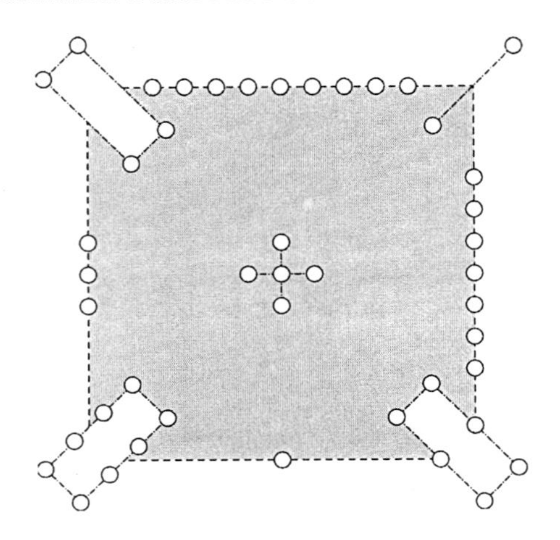

FIGURA 3.2 *Lochu (Lo Chou).*

divisões pares contínuas até que seja atingida a unidade. O 64, por exemplo, é um desses números, pois:

$$64 \div 2 = 32 \div 2 = 16 \div 2 = 8 \div 2 = 4 \div 2 = 2 \div 2 = 1.$$

Esses números formam uma série, numa proporção de 2 para 1 a partir da unidade. Assim, a série 1, 2, 4, 8, 16, 32, ... constitui-se na razão "uniformemente ímpar".

Quando essa propriedade numérica for aplicada a um número par como 6, 10, 14 ou 18, assinala o fato de que esses números, quando divididos em duas partes iguais, tais partes se mostram indivisíveis em partes iguais. Forma-se uma série desses números dobrando-se os valores de uma série de números ímpares assim:

$$6 \div 2 = 3 \qquad 10 \div 2 = 5 \qquad 14 \div 2 = 7 \qquad 18 \div 2 = 9.$$

Os resultados mostram que 1, 3, 5, 7, 9 produzem 1, 6, 10, 14, 18.

Outra consideração numérica, proveniente dos pitagóricos refere-se aos números não-uniformemente pares, ou seja, aqueles que podem ser repartidos em duas divisões iguais e essas partes ainda são divisíveis em partes iguais, mas o processo não continua até atingir-se a unidade. Tais números são, por exemplo, 24 e 28,

$$24 \div 2 = 12 \div 2 = 6 \div 2 = 3 \qquad 28 \div 2 = 14 \div 2 = 7.$$

Com relação aos números ímpares, as concepções pitagóricas levaram alguns historiadores a considerá-los sob três pontos de vista:

- os primeiros e não-compostos, tais como 3, 5, 7, 11, 13, 19, 23, 29, 31, ..., pois nenhum outro número os divide, a não ser a unidade. Não são compostos de outros números, mas são gerados unicamente pela unidade;

- os segundos e compostos, aqueles que são "ímpares", mas são compostos de outros números e os contêm, como por exemplo, 9, 15, 21, 25, 27, 33 e 39. Estes números têm partes que são denominadas por um número ou palavra "estrangeira", bem como pela própria unidade. Assim, o 9, por exemplo, tem uma terça parte que é 3; o 15 tem uma terça parte que é 5 e uma quinta parte que é 3. Portanto, por conter uma "parte estrangeira", se chama segundo e, por ser divisível, é composto;

- a terceira variedade de números ímpares é mais complexa e é, em si mesma, segunda e composta, mas com referência a outro número, é prima, como, por exemplo, o 9 e o 25. Sendo segundos e compostos, esses números são divisíveis, mas não possuem um divisor comum. Assim, o 3 que divide o 9 não divide o 25.

Os números ímpares são enquadrados nessas três classes por um artifício chamado de "crivo de Eratóstenes", um processo criado pelo matemático de mesmo nome (séc. II a.C. aprox.). De acordo com informações históricas, podemos representar tal processo a partir de seqüências numéricas distribuídas da seguinte maneira:

- Imaginemos todos os inteiros, organizados em uma seqüência numérica ordenada e contínua a partir da díada (2);
- O 2, primeiro número da seqüência, é primo, pois embora seja par, nenhum outro número o divide a não ser a unidade;
- Distribui-se a primeira seqüência numérica a partir de 2, excluindo-se, para tanto, a mônada (1);
- A segunda seqüência deve ser escrita eliminando-se todos os compostos gerados a partir da díada (2), isto é, contando os números de dois em dois;
- Na seqüência seguinte, elimina-se os compostos originados pelo 3 e assim por diante, considerando sempre os primeiros números ímpares não compostos, isto é, contando de três em três;
- As seqüências seguintes obedecem à contagem de 5 em 5, 7 em 7 e assim por diante.

À medida que se eliminam essas séries, os números que vão iniciando as seqüências são os números primos seguintes. As seqüências são, então, organizadas como no quadro a seguir.

O crivo de Eratóstenes evidencia um processo de determinação dos números primos a partir da seqüência numérica dos naturais.

Os números pares também foram divididos pelos antigos sábios em “perfeitos”, “deficientes” e “superabundantes ou superperfeitos”.

Superperfeitos ou superabundantes são, por exemplo, o 12 e o 24. Como exemplos de deficientes temos o 8 e o 14. Perfeitos, entretanto podem ser exemplificados pelo 6 e 28.

Para os antigos gregos, os números superperfeitos eram semelhantes a “Briareu, o gigante de cem mãos”. Suas partes eram demasiadamente numerosas. Já os números deficientes eram comparados aos “Cíclopes, que só tinham um olho”.

Os números perfeitos, entretanto, eram considerados como aqueles que possuíam a forma de limite médio e, por esse

	2	3	4	5	6	7	8	9	10	11	12	13	14	15	16	17	18	19	...
Eliminar de 2 em 2	2	3	4	5	6	7	8	9	10	11	12	13	14	15	16	17	18	19	...
Eliminar de 3 em 3		3		5		7		9		11		13	14	15		17		19	...
Eliminar de 5 em 5				5		7				11		13				17		19	...
Eliminar de 7 em 7						7				11		13				17		19	...
Eliminar de 11 em 11										11		13				17		19	...

O crivo de Eratóstenes

motivo, eram vistos como êmulos da virtude, isto é, uma linha média entre o excesso e a deficiência, e não o ponto mais alto como os antigos erroneamente pensavam. Eles consideravam a seguinte afirmativa: o mal, na verdade, é oposto ao mal, mas ambos são opostos ao bem. O bem, no entanto, nunca se opõe ao bem, mas sim a dois males.

Os números perfeitos, como as virtudes, são poucos, ao passo que as outras duas classes são como os vícios: numerosos, desordenados e indefinidos.

Outras formas de representar os números valem-se dos aspectos geométricos baseados na forma triangular e retangular. Para tanto, alguns historiadores classificam os números em triangulares e retangulares, atribuindo tal classificação aos pitagóricos. Percebemos ainda que o número retangular é gerado pelo produto de todos os números menores do que ele, isto é, pelo produto de seus divisores. Por exemplo, o 10 pode ser representado como o produto 2 x 5 ou 5x 2, assim como o 18 é representado por 2 x 9, 9 x 2, 3 x 6 ou 6 x 3. Geometricamente fica assim:

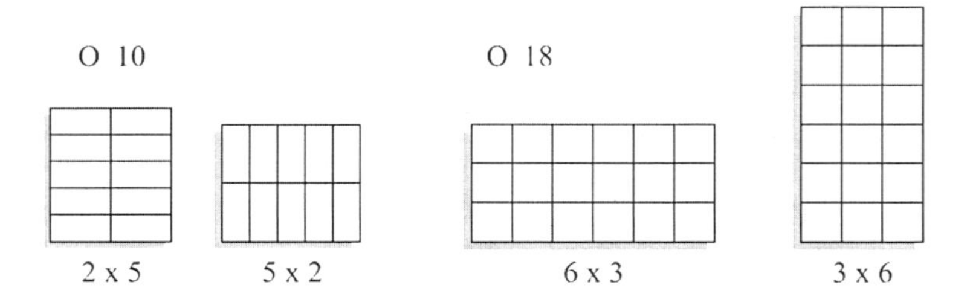

FIGURA 3.3

De acordo com as representações geométricas apresentadas anteriormente, podemos considerar que os números primos possuem uma característica geométrica própria, pois eles não se deixam representar sob a forma retangular, devido sempre a possuírem apenas um divisor, além da própria unidade. Vejamos, por exemplo, como ficaria a representação geométrica de 2, 3, 5 e 7:

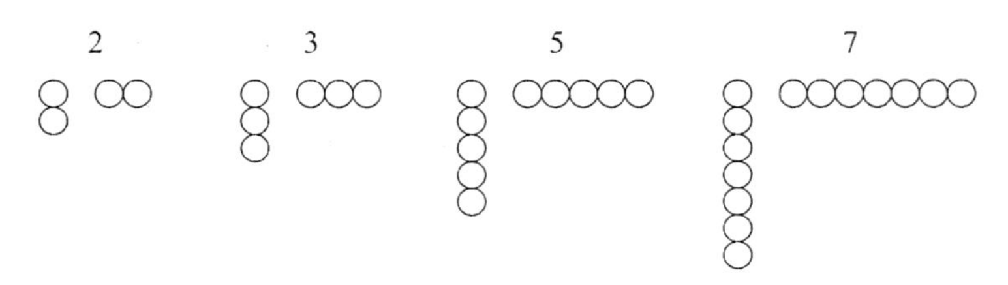

FIGURA 3.4

ATIVIDADE 3

1. Com base nas concepções pitagóricas do número, apresentadas no texto anterior, tente apontar as principais características da filosofia pitagórica do número.
2. Como podemos demonstrar que 1184 e 1210 são números amigos?
3. De quantas maneiras poderemos reorganizar o quadrado mágico apresentado? Represente essas reorganizações.
4. Verifique as relações dos novos quadrados mágicos organizados e relacione com a sua representação geométrica.
5. É possível modificar a representação geométrica do quadrado mágico a partir das novas organizações numéricas? Represente as novas possibilidades.
6. Represente os números 2, 3, 5 e 7 na forma retangular ou triangular. Quais as formas que você conseguiu?
7. Considerando os números pares e ímpares discutidos no texto, represente em formas geométricas triangulares ou retangulares os números 2, 3, 4, 5, 6, 7, 8, 9, 10, 12, 15, 16, 18 e 21, utilizando para isso fichas circulares semelhantes a moedas, tampinhas de refrigerantes ou botões. Comente as formas obtidas para cada número representado.

4

Aspectos Históricos dos Números

As investigações (arqueológicas, antropológicas e históricas) realizadas em diversas regiões do planeta têm mostrado que a sociedade humana se vale dos algarismos há 6.000 anos. Sua história constitui-se em uma *história universal* a qual, mesmo descontínua e não linear, possui inúmeros fragmentos sócio-culturais que evidenciam o movimento cognitivo para o qual convergiram os sistemas de numeração, construídos e utilizados pela humanidade em todo o planeta.

Sob a denominação de *história de uma grande invenção*, Georges Ifrah (1998), professor de matemática, misto de etnólogo, historiador e arqueólogo do número, mostra em suas obras como essa história constitui-se em uma série de invenções numéricas que, distribuídas em diferentes sociedades de vários pontos do planeta, em diferentes períodos da nossa história, configuram as linhas mestras de uma elaboração multiforme e complexa. Através de ilustrações, curiosidades e reconstituições, o autor nos informa como as grandes civilizações manipulavam essas invenções (sistemas numéricos) na operacionalização de sua economia, seus calendários, cultos religiosos, previsões climáticas e operações comerciais, entre outras atividades ligadas à cultura e à explicação dos fenômenos naturais.

De acordo com Ifrah (1998), a região do planeta que serviu de cenário principal para o desenvolvimento das invenções e manipulações numéricas está situada nas proximidades das margens do Mediterrâneo e no Oriente Médio, onde habitavam sumérios, babilônios, egípcios, gregos, romanos, hebreus e hindus.

Conforme os resultados de investigações arqueológicas realizadas na região do Oriente Médio, concluiu-se que houve uma evolução de dois sistemas de escrita: um ao sul da Mesopotâmia, em meados do quarto milênio a.C., e o outro um pouco mais tarde, nas proximidades de Susa, no Irã. Os descobrimentos arqueológicos realizados nos últimos séculos mostraram que, para uma sociedade criar uma escrita (principalmente a numérica), é preciso que ocorram fatos sócio-culturais relacionados à produção, ao acúmulo de bens materiais, ao comércio e às trocas, de modo a viabilizar o exercício da contabilidade. Além desses povos, há registros históricos de sociedades situadas em pontos distantes desse cenário, como é o caso dos incas, maias, astecas e chineses.

Após fazermos uma primeira incursão sobre alguns aspectos gerais da história dos números, é importante que retomemos esses aspectos de forma mais individualizada, visando ampliar nossas possibilidades de compreensão e explicação das estratégias cognitivas, utilizadas no contexto sócio-histórico e cultural que contribuíram na representação dos vários sistemas numéricos. Passemos, então, a rever cada um deles.

OS SUMÉRIOS E O SISTEMA DE BASE SEXAGESIMAL

Os sumérios, supostos habitantes da região onde hoje está o Iraque, representavam seus números através da escala sexagesimal — com base 60 e não com base 10, como a que usamos. Seu país de origem permanece sujeito a controvérsias, pois considera-se que tenham vindo da Ásia Menor ou, talvez, tenham entrado inicialmente na Baixa Mesopotâmia (região entre os rios Tigre e Eufrates) pelo Irã, provindo da Ásia Central.

Nas investigações realizadas nessa região, verificou-se que essas sociedades registravam suas informações contábeis sobre placas de argila, um material quase indestrutível e resistente por longo tempo. Tais informações foram escritas na forma cuneiforme, ou seja, com uma grafia angulosa, proveniente de um instrumento pontiagudo que deixava as informações escavadas na argila como forma de registro para o futuro. Essa prática de registro, segundo os historiadores, se impôs na região durante cerca de 3.000 anos, sendo adotada não só pelos sumérios, mas também por acádios, hititas, elamitas e huritas. Além disso, foram empregadas na transcrição de muitas outras línguas do Oriente Próximo, onde sobreviveu até o inicio da nossa era.

De acordo com os estudos realizados, alguns historiadores concluíram que o sistema de numeração dos sumérios era aditivo e possuía símbolos especiais para os números 1, 10, 60, 600, 3600 e 36000.

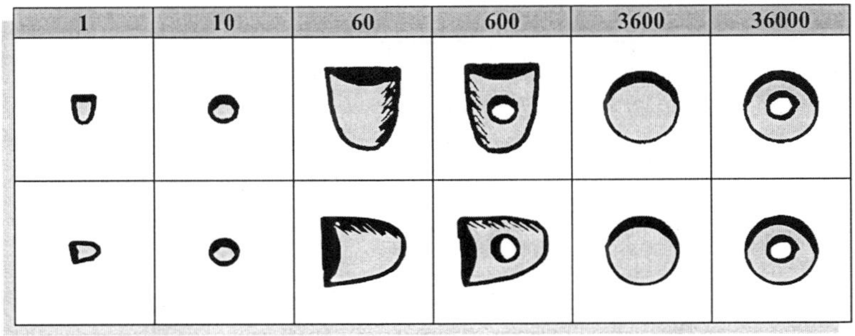

1	10	60	600	3600	36000

FIGURA 4.1 *representação numérica dos sumérios*

Uma questão, entretanto, emerge dessas considerações históricas sobre os sumérios: o que justifica a organização de seu sistema de numeração ter sido feita na base de contagem 60 (sexagesimal)? Em *A história universal dos algarismos*, Georges Ifrah (1997, p. 162) explica que o referido sistema é único na história, além de constituir um dos méritos imperecíveis dessa cultura, pois até os dias atuais auxilia a contagem do tempo cronológico em nosso sistema de numeração decimal.

Para Ifrah, entretanto, "essa profunda originalidade tem sido um dos maiores enigmas da história da aritmética, uma vez que nunca se explicou a razão que presidiu, entre eles, a escolha de uma base tão elevada" (1997, p. 181). O que se sabe a esse respeito é que vários estudiosos, desde a Antigüidade grega, tentaram compreender e explicar os porquês acerca de tal sistema ter sido elaborado e utilizado pela cultura suméria.

De acordo com Ifrah (1997, p. 180), Teão de Alexandria, um dos primeiros a apresentar uma hipótese a esse respeito (séc. IV a.C.), sustentava que o número 60 foi escolhido por ser o número que, entre todos aqueles que tinham mais divisores, era o mais baixo e o mais cômodo para utilizar. Quatorze séculos mais tarde, o matemático inglês John Wallis (1616–1703), apresentou a mesma opinião acerca dessa hipótese, nos seus *Opera mathemática*.

Algum tempo depois, Formaleoni (1789) e Moritz Cantor (1880), lançam a hipótese de que esse sistema teria sua origem a partir dos dias do ano que, arredondado para 360, teria feito nascer a divisão do círculo em 360 graus, a partir de divisões sucessivas com base na medida de seu raio (1/6 do círculo), originando, assim, o sessenta como unidade de contagem.

Outra suposição aponta que os mesopotâmicos justificaram a base 60 multiplicando o 5 (número dos planetas: Mercúrio, Vênus, Marte, Júpiter, Saturno) por 12 (número dos meses e múltiplo de 6) (D. Boorstin, cf. Ifrah, 1997).

Kewitsch, em 1904 (cf. Ifrah, 1997), justificou a escolha da base 60 pelos sumérios, afirmando que a sua utilização deve ter se originado da conjunção de dois povos, um dos quais teria trazido o sistema decimal e o outro um sistema construído sobre o número 6 e procedendo de um modo especial de numeração com os dedos.

Há, ainda, algumas suposições que apontam como causa da escolha da base 60, possíveis razões místicas e religiosas. Na tentativa de responder afirmativamente, considera-se que, desde a alta época suméria, os números sagrados desempenharam um importante papel na Mesopotâmia e que a matemática se inseriu nessa mística do número (Ifrah, 1997). Os defensores dessa suposição acreditam que a astrologia pressupõe não haver dissociação entre a mística do número e a matemática, ou seja, o desenvolvimento de uma implica no avanço da outra.

Após todos os estudos investigatórios já realizados por historiadores, arqueólogos, matemáticos, antropólogos, entre outros; Ifrah (1997) acredita que a provável origem do sistema sexagesimal apóia-se, inicialmente, na existência (mais do que provável) de uma, e mesmo de várias *populações indígenas* bem antes da dominação suméria na Baixa Mesopotâmia. Há ainda o fato (perfeitamente estabelecido) de que os sumérios tinham origem estrangeira e sua fixação na região ocorreu, provavelmente, ao longo do IV milênio a.C. Embora os historiadores não tenham informações mais detalhadas sobre essas populações indígenas e ignorem quase todos os laços culturais anteriores dos sumérios, pode-se supor que essas duas culturas, antes de constituir a simbiose que se conhece, tinham sistemas de contagem diferentes, ambos distintos do sistema sexagesimal, um repousando na base cinco e o outro na base doze.

Estudos (arqueológicos, históricos e antropológicos) apontam vários traços incontestáveis da presença da base 5 na criação do sistema sexagesimal. Um exemplo evidente é localizado na escrita dos nomes dos números 6, 7 e 9, trazendo visivelmente a relação conceitual dos números através de uma decomposição anterior seguindo a base 5, mesmo se o nome do número 8, aparentemente, não mais apresentar essa característica.

5 iá

6 àŠ = à. Š < (i-) à. Š = iá.Š < iá.(ge-)Š = iá.geŠ = 5 + 1

7 imin = i.min < i(á-).min iá.min = 5 + 2

8 ussu = ?

9 ilimmu = i.limmu < i(á-).limmu = iá.limmu

Se considerarmos que a numeração suméria tem um traço do sistema de base 5, podemos admitir que um dos dois povos, cuja interação sócio-cognitiva gerou o sistema sexagesimal, praticava a contagem quinária e que, no intercâmbio entre eles, a escolha da base sessenta pode ter surgido da combinação entre a base 12 e a base 5. É possível concluir, então, que a origem da base 5 seja justificada pela prática dos povos que aprenderam a contar com uma das mãos e prolongaram a série dos números servindo-se da outra mão como orientação.

Para Ifrah (1997), entretanto, a origem da base doze pode ter sido manual, pois como cada dedo tem três falanges, excluindo as do polegar (dedo que efetua a operação), podemos contar de 1 a 12 com os dedos de uma única mão: basta apoiar o polegar, sucessivamente, em cada uma das três falanges dos quatro dedos opostos da mesma mão.

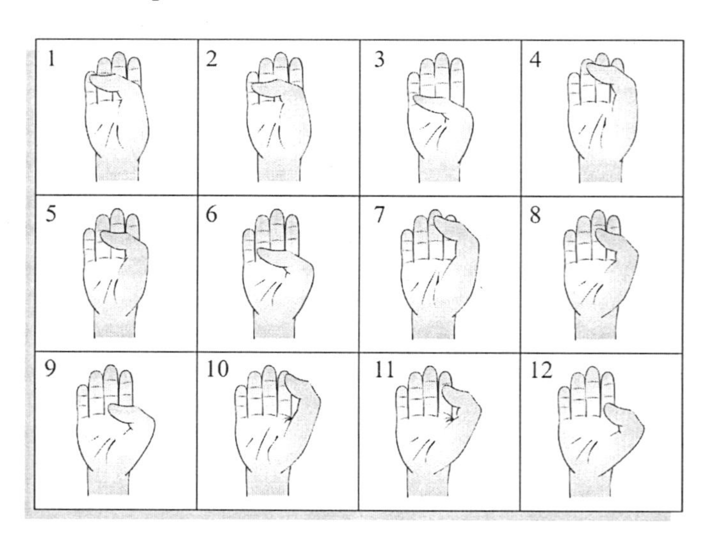

FIGURA 4.2 *representação da base 12, a partir da contagem nos dedos.*

Retomando a cada vez a técnica, desde seu início, podemos em seguida contar de 13 a 24, depois de 25 a 36, e assim por diante. Nesse tipo de procedimento, a dezena impõe-se como a base de um sistema de numeração. Embora seja difícil de verificar, o procedimento de contagem nas falanges ainda hoje é usado no Egito, Síria, Iraque, Irã, Afeganistão, Paquistão, bem como em certas regiões da Índia.

Embora não se consiga explicar que o *u*, o nome sumério do número dez, tenha sido privilegiado, a ponto de significar os (dez) "dedos", na numeração oral não se encontra nenhum traço de uma contagem duodecimal, pois para 12 dizia-se ***u-min*** (10+2), o que mostra a não utilização de uma palavra particular.

Para Ifrah (1997), a língua suméria não levava nela nem o traço da base doze nem mesmo o da base decimal, implicando dizer que o nome de dez não era o vestígio de uma numeração decimal desaparecida, mas sim a transposição moldada, nessa língua, do resultado de uma constatação comum à humanidade inteira quanto à anatomia e ao número dos dedos de nossas duas mãos reunidas.

Essa hipótese, em todo caso, apresenta sobre todas as outras a vantagem nítida de sugerir naturalmente uma explicação bem concreta para a origem misteriosa da base 60, visto que a idéia de contar com os dedos, ultrapassada por um esforço intelectual (que se torna no fundo inteiramente "natural", uma vez adquirido o princípio da base), abriu, muitas vezes, a via a elaborações aritméticas de um nível muito superior ao sistema rudimentar.

Ifrah (1997) afirma, ainda, que dessa técnica digital surgiu a "sessentena", como uma base principal desse sistema, e os números 12 e 5 como bases auxiliares. Podemos, assim, mostrar esse processo de contagem da seguinte maneira: na mão direita, conta-se de 1 a 12 apoiando o polegar sucessivamente em cada uma das três falanges dos quatro dedos opostos.

Efetivando a contagem e levantando a dúzia com a mão direita, dobra-se, então, o mínimo esquerdo. Volta-se em seguida à primeira mão e prossegue-se a contagem de 13 a 24, repetindo a técnica. Depois, uma vez atingido o número 24, dobra-se o anular esquerdo e continua-se a contar da mesma maneira de 25

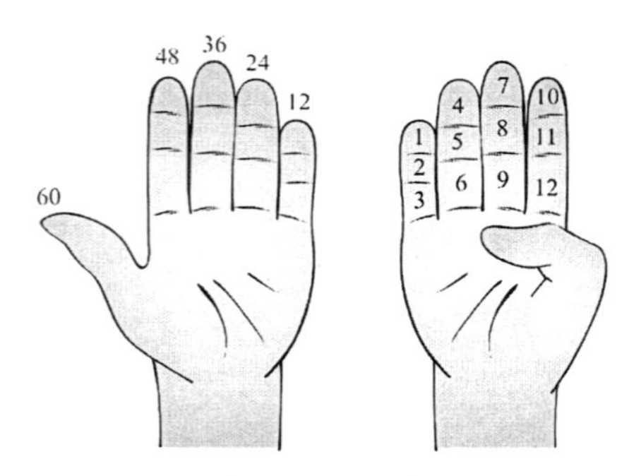

FIGURA 4.3 *representação da base 60 a partir da contagem nos dedos.*

a 36 com a mão direita. Abaixa-se em seguida o médio esquerdo e procede-se igualmente até 48, em que se dobra o indicador esquerdo. Recomeçando a operação pelas doze unidades seguintes, atinge-se assim a "sessentena", dobrando o último dedo da mão esquerda.

Logo, podemos considerar a hipótese de que a conjunção entre duas práticas de contagem (a digital de base 5 e a outra das doze falanges da mão pelo seu polegar) gera a contagem de base 60, impondo-se como uma explicação da origem da grande unidade de contagem suméria.

Considerando-se que o sessenta como uma base elevada, os aritméticos tentaram identificar um elemento intermediário que solucionasse as limitações da memória humana. Desse modo, adotou-se a dezena como unidade auxiliar de representação e contagem. A base 12, certamente, oferecia inúmeras vantagens além da base 10 como auxiliar, mas era notório que as populações tinham no 10 um princípio duplo ao dos cinco dedos de cada uma das mãos, o que tornara mais natural de manipular a contagem que o 12. Talvez do 12 tenham surgido algumas representações de quantidades específicas como a dúzia.

Outra explicação aponta que, como o 6 é o coeficiente numérico pelo qual se multiplica o dez para obter 60 (sessentena), o sistema sexagesimal, pela força das coisas, ou antes propriedades do universo dos números, evidenciou um compromisso lógico entre 6 e 10, tornados depois as bases auxiliares e alternadas da numeração sexagesimal suméria. Essa dupla de bases auxiliares acabou por evidenciar várias propriedades aritméticas com numerosas vantagens práticas, assim como as propriedades geométricas e astronômicas, observadas na medida do domínio do instrumento sexagesimal e do avanço da geometria e da astronomia.

ATIVIDADE 4

1. Tente listar as principais características do sistema de numeração dos sumérios e comente suas relações com o atual sistema decimal.
2. Quais as principais contribuições matemáticas do sistema de numeração dos sumérios?
3. É possível esquematizar numericamente o sistema sexagesimal de contagem representado pelo uso das falanges dos dedos da mão? Tente!
4. É possível relacionar o sistema decimal ao sistema sexagesimal dos sumérios? Tente!
5. Experimente elaborar outras formas de representação numérica do sistema sexagesimal.

OS SISTEMAS EGÍPCIOS: CONTEXTO E RELAÇÕES SÓCIO-CULTURAIS

QUANDO A CIVILIZAÇÃO EGÍPCIA entra na história oficial da humanidade (a partir do início do séc. III a.C.), traz consigo um longo passado cultural que se confunde com o fim do período neolítico do qual, hoje, pouco sabemos. Escavações efetuadas em certas necrópoles dessa era, no Alto Egito (Nagada, Hieracompolis, Badari) e na região meridional do Delta (Meadf,

Heliópolis), levaram à descoberta de objetos (vasos, cabeças de clava, palhetas de xisto) decorados com figuras, que permitiram reconstituir, em linhas gerais, o estado da civilização egípcia, nos séculos que precederam imediatamente a época histórica.

O Egito formava, então, dois reinos e permaneceu dividido até o dia em que, após uma tentativa de unificar o país por iniciativa de um soberano do sul, o “rei Escorpião” — seu sucessor, Narmer, conseguiu concluir a unificação.

As informações sobre o desenvolvimento de sua escrita são incompletas devido à falta de documentos, pois com exceção das inscrições monumentais, as informações históricas mostram que o suporte para a escrita dessa sociedade era o papiro, um tecido manufaturado a partir de um material extraído de uma planta da região, muito próximo ao nosso atual papel.

Acredita-se que em virtude da menor resistência do material utilizado para registro das informações, e pela dificuldade de interpretação da grafia hieroglífica (sinais sagrados), o Egito antigo tenha deixado uma quantidade menor de documentos que os sumérios na Mesopotâmia. Todavia, a escrita hierática (grafia sagrada) e a demótica, usada entre os homens do povo, foram mais acessíveis aos pesquisadores, contribuindo, assim, para que fosse possível a compreensão dos processos cognitivos estabelecidos naquela sociedade.

Os conhecimentos que hoje temos sobre as matemáticas egípcias são extraídos de manuscritos em papiro ou pergaminho, descobertos naquela região. Se os compararmos quantitativamente com os documentos babilônicos, as fontes egípcias são muito mais raras. Dois papiros bem fragmentários do Médio Império — papiros de Kahun e de Berlim (1900–1800 a.C.) e dois textos mais longos e um pouco mais recentes, mas com cópias patentes de tratados anteriores (Papiro de Rhind e Papiro de Moscou), um manuscrito em couro, muito breve (*British Museum Leather Roll*) e duas tabuinhas de madeira do museu do Cairo, tais são, de fato, as fontes mais importantes para um bom estudo.

O SISTEMA EGÍPCIO DE CONTAGEM

O SISTEMA DE NUMERAÇÃO HIEROGLÍFICO, adotado pelos egípcios, era baseado no número 10, ou seja, depois da nona unidade, organizava-se a classe decimal superior (depois de nove 1 vem o 10; depois de nove números 10 vem o 100 e assim por diante). Seu sistema, entretanto, era aditivo, isto é, as unidades, as dezenas e as centenas eram designadas por sinais diferentes que se repetiam quantas vezes fossem necessárias.

	LEITURA DA DIREITA PARA A ESQUERDA	LEITURA DA ESQUERDA PARA A DIREITA
1		
10		
100		
1 000		
10 000		
100 000		
1 000 000		

FIGURA 4.4 *representação numérica egípcia*

Sua grafia evidenciava um traço vertical para a unidade; uma ferradura para a dezena, uma espiral para a centena; uma flor de lotus ou um peão de xadrez para a unidade de milhar; um bastão com pequeno punho virado (ora para a direita, ora para a esquerda) para a dezena de milhar; um pinto ou um passarinho ou ainda um filhote de rã para a centena de milhar; uma pessoa sentada ou ajoelhada, com os braços para o alto, para a unidade de milhão e um círculo tangenciando superiormente uma horizontal para a dezena de milhão. Essas são algumas das aproximações interpretadas por diferentes pesquisadores sobre o tema.

Tais códigos eram organizados para a representação dos números egípcios através de uma justaposição aditiva dos valores desses símbolos, repetindo cada um deles até nove vezes. A notação adotada pelos egípcios dispensava a indicação da ausência de unidades, logo o zero não era representado nesse sistema. Entretanto, é comum encontrarmos algumas representações numéricas nas quais há um espaço vazio indicando essa ausência.

1	2	3	4	5	6	7	8	9
I	II	III	II II	III II	III III	IIII III	IIII IIII	III III III

10	20	30	40	50	60	70	80	90
∩	∩∩	∩∩∩	∩∩ ∩∩	∩∩∩ ∩∩	∩∩∩ ∩∩∩	∩∩∩∩ ∩∩∩	∩∩∩∩ ∩∩∩∩	∩∩∩ ∩∩∩ ∩∩∩

FIGURA 4.5 *grafia numérica egípcia*

Um fato muito curioso, e que expressa a criatividade emergente na cultura egípcia, está presente nos *Jogos de escrita e de símbolos numéricos à maneira egípcia*, apresentados por Ifrah em seu livro *História universal dos algarismos*. No tomo 1 da referida obra (p. 369–373), encontramos 18 quadros que caracterizam as formas simbólicas encontradas para representar alguns números, de modo a ilustrar pictoricamente alguns templos egípcios. A seguir apresentaremos 10 desses quadros (figuras 4.7 e 4.8).

	1	2	3	4	5	6	7	8	9
UNIDADES	𓏺	𓏺𓏺	𓏺𓏺𓏺	𓏺𓏺𓏺𓏺	𓏺𓏺𓏺𓏺𓏺	𓏺𓏺𓏺𓏺𓏺𓏺	𓏺𓏺𓏺𓏺𓏺𓏺𓏺	𓏺𓏺𓏺𓏺𓏺𓏺𓏺𓏺	𓏺𓏺𓏺𓏺𓏺𓏺𓏺𓏺𓏺
DEZENAS	𓎆	𓎆𓎆	𓎆𓎆𓎆	𓎆𓎆𓎆𓎆	𓎆𓎆𓎆𓎆𓎆	𓎆𓎆𓎆𓎆𓎆𓎆	𓎆𓎆𓎆𓎆𓎆𓎆𓎆	𓎆𓎆𓎆𓎆𓎆𓎆𓎆𓎆	𓎆𓎆𓎆𓎆𓎆𓎆𓎆𓎆𓎆
CENTENAS	𓍢	𓍢𓍢	𓍢𓍢𓍢	𓍢𓍢𓍢𓍢	𓍢𓍢𓍢𓍢𓍢	𓍢𓍢𓍢𓍢𓍢𓍢	𓍢𓍢𓍢𓍢𓍢𓍢𓍢	𓍢𓍢𓍢𓍢𓍢𓍢𓍢𓍢	𓍢𓍢𓍢𓍢𓍢𓍢𓍢𓍢𓍢
MILHARES	𓆼	𓆼𓆼	𓆼𓆼𓆼	𓆼𓆼𓆼𓆼	𓆼𓆼𓆼𓆼𓆼	𓆼𓆼𓆼𓆼𓆼𓆼	𓆼𓆼𓆼𓆼𓆼𓆼𓆼	𓆼𓆼𓆼𓆼𓆼𓆼𓆼𓆼	𓆼𓆼𓆼𓆼𓆼𓆼𓆼𓆼𓆼
DEZENAS DE MIL	𓂭	𓂭𓂭	𓂭𓂭𓂭	𓂭𓂭𓂭𓂭	𓂭𓂭𓂭𓂭𓂭	𓂭𓂭𓂭𓂭𓂭𓂭	𓂭𓂭𓂭𓂭𓂭𓂭𓂭	𓂭𓂭𓂭𓂭𓂭𓂭𓂭𓂭	𓂭𓂭𓂭𓂭𓂭𓂭𓂭𓂭𓂭
CENTENAS DE MIL	𓆐	𓆐𓆐	𓆐𓆐𓆐	𓆐𓆐𓆐𓆐	𓆐𓆐𓆐𓆐𓆐	𓆐𓆐𓆐𓆐𓆐𓆐	𓆐𓆐𓆐𓆐𓆐𓆐𓆐	𓆐𓆐𓆐𓆐𓆐𓆐𓆐𓆐	𓆐𓆐𓆐𓆐𓆐𓆐𓆐𓆐𓆐

FIGURA 4.6 *grafia numérica egípcia*

Nº	HIERÓGLIFOS SERVINDO PARA REPRESENTAR OS NÚMEROS	EXPLICAÇÃO DOS JOGOS GRÁFICOS
1	arpão	Jogou-se com a homofonia do nome do número 1 (wa') com o do arpão (wa').
	sol	Por causa de sua unicidade.
	lua	Por causa de sua unicidade.
2		Repetição do sinal do arpão empregado como representação da unidade
		Combinação dos sinais do sol e da lua empregados como representação da unidade.
3		Repetição do sinal do arpão empregado como representação da unidade
4	(pavilhão das festas jubilares)	Jogo gráfico de que ignoramos ainda a razão
5	(Estrela com cinco ramos)	Razão evidente
6		Combinação do traço clássico (=1) e da estrela (=5)
7	(cabeça humana)	Sem dúvida por causa dos sete orifícios da cabeça (os dois olhos, duas narinas, a boca e as duas orelhas)
		Combinação de dois traços clássicos (=2) e da estrela (=5)

FIGURA 4.7

Nº	HIERÓGLIFOS SERVINDO PARA REPRESENTAR OS NÚMEROS	EXPLICAÇÃO DOS JOGOS GRÁFICOS
8	íbis	O íbis, pássaro sagrado do Egito, encarnava o deus Thot, principal divindade da cidade de Hermópolis, que levava outrora o nome de hmnw [khêménou], a "cidade dos oito", em homenagem ao Ogdoade (grupo de oito deuses iniciais que, segundo a teologia hermopolitana, teriam precedido à criação do mundo e assim personificado o caos).
		Grafia singular do algarismo 8. Trata-se de um decalque hieroglífico do sinal hierático
		Combinação de 3 traços clássicos (=3) e da estrela (=5)
		Combinação do sinal do sol (=1) e da cabeça humana empregada como representação de 7.
		Combinação do traço clássico e da cabeça humana empregada como representação de 7.
9	brilhar	Jogou-se com a homofonia do nome do número 9 (*psd*) com o do verbo "brilhar" (*psd*).
	foice	Trata-se de um decalque hieroglífico do sinal hierático da foice (cf. HP, no 469)
10	falcão	Segundo a teologia de Heliópolis, o deus-falcão Hórus foi a primeira divindade acrescentada à Grande Enéade para formar o "Colégio divino aumentado (a 10).

FIGURA 4.8

ATIVIDADE 5

1. Quais as principais características do sistema de numeração egípcia?
2. Quais as contribuições da civilização egípcia para a organização do conceito de número?
3. Compare as contribuições egípcias com as contribuições dos sumérios para a organização do conceito de número.
4. Tente esquematizar simbolicamente o sistema de contagem dos egípcios, baseando-se nas representações simbólicas e na lógica existente no processo de contagem.

5. Verifique se há alguma relação entre o sistema egípcio e o sistema decimal usado atualmente.

6. Com base no jogo de escrita do sistema egípcio apresentado, como você organizaria um jogo de escrita relacionando-o aos símbolos numéricos conhecidos por você?

OS NÚMEROS ENTRE FENÍCIOS, HEBREUS, GREGOS E ROMANOS

No SEGUNDO MILÊNIO, mais precisamente nos séculos XV, XIV e XIII a.C., erguia-se na costa da Síria, diante do Chipre, uma cidade chamada *Ugarit*, cujas ruínas foram descobertas em 1928 e exploradas por arqueólogos a partir de 1929. Nessas ruínas foram encontrados, entre inúmeros objetos, uma série de textos escritos em placas de argila, similares as dos babilônios, e outras em proto-fenício, utilizando um alfabeto de 30 letras. Muitas dessas placas contêm relações de entregas de gêneros alimentícios, cujos números são geralmente escritos por extenso e, às vezes, representados por algarismos, inclusive frações, tomadas dos babilônios. O sistema de numeração é decimal, mas ocasionalmente evidencia aspectos do sistema sexagesimal dos sumérios (Furon et al, 1959).

De acordo com as informações encontradas em Furon et al (1959, p. 144), o sistema hebraico de numeração tem sua explicação histórica na Bíblia, visto que essa parece ser a única fonte dos povos que originaram Israel. O referido sistema de numeração é decimal e sexagesimal, possivelmente, originado do hábito de processar a contagem com os dedos das mãos e do sistema criado e praticado pelos sumérios. Em hebraico, o nome das dezenas, de trinta a noventa, é o plural dos números de três a nove.

Conforme as informações da Bíblia, o povo que Moisés conduziu através do deserto era dividido em *dezenas*, *cinqüentenas*, *centenas* e *milhares*. O dízimo é de uso corrente e, entre as medidas de capacidade, o *bat* é a décima parte do *kor*, a *efa* é a

A = 1	I = 10	P = 100
B = 2	K = 20	Σ = 200
Γ = 3	Λ = 30	T = 300
Δ = 4	M = 40	Y = 400
E = 5	N = 50	Φ = 500
Ϛ = 6	Ξ = 60	X = 600
Z = 7	O = 70	Ψ = 700
H = 8	Π = 80	Ω = 800
Θ = 9	Ϟ = 90	Ϡ = 900

α = 1	ι = 10	ρ = 100
β = 2	κ = 20	σ = 200
γ = 3	λ = 30	τ = 300
δ = 4	μ = 40	υ = 400
ε = 5	ν = 50	φ = 500
ϛ = 6	ξ = 60	χ = 600
ζ = 7	ο = 70	ψ = 700
η = 8	π = 80	ω = 800
θ = 9	ϟ = 90	ϡ = 900

FIGURA 4.9

décima parte do *hômer*, o *hômer* é a décima parte da *efa*, e o sumário das leis religiosas é o *decálogo*.

Entretanto, o sistema sexagesimal ainda vingava entre os hebreus, pois o número 12 é bastante encontrado na Bíblia: 12 tribos de Israel, 12 pães da proposição, 12 portas para a Jerusalém ideal (descrita por Ezequiel, XLV:12). Desses dados foi possível a alguns historiadores concluírem que havia uma alternância entre os dois sistemas na prática de contagem praticada pelos hebreus.

Quanto aos gregos, encontramos em Eves (1995) alguns esclarecimentos, segundo os quais, o sistema de numeração grego, conhecido como jônico ou alfabético, cujas origens situam-se já por volta do ano 45 a.C., é um exemplo de sistema cifrado. Ele é decimal e emprega 27 caracteres — as 24 letras do alfabeto grego mais três outras obsoletas: *digamma, kopa* e *sampi*. Embora se usassem letras maiúsculas (as minúsculas só muito mais tarde vieram a substitui-las), o sistema será ilustrado, aqui, com letras minúsculas. As seguintes equivalências eram memorizadas de modo a facilitar o exercício da aritmética grega (fig. 4.9).

Em relação ao sistema romano, podemos dizer que, como a maioria dos povos da Antigüidade, sua numeração foi regida, sobretudo, pelo princípio aditivo, pois seus algarismos (I = 1; V = 5; X = 10; L = 50; C = 100; D = 500 e M = 1000) eram independentes uns dos outros. Sua justaposição implicava, geralmente, na soma dos valores correspondentes. Podemos exemplificar mostrando a decomposição dos números 1626 e 1959:

$$\text{MDCXXVI} = 1000 + 500 + 100 + 10 + 10 + 5 + 1 = 1626$$

$$\begin{aligned}\text{MCMLIX} &= 1000 + (1000 - 100) + 50 + (10 - 1)\\ &= 1000 + 900 + 50 + 9 = 1959.\end{aligned}$$

Vemos, portanto, a prática simultânea dos princípios aditivo e subtrativo, presente no sistema romano, como um dos obstáculos na sua instalação como sistema universal de contagem.

ATIVIDADE 6

1. Elabore um quadro comparativo entre os sistemas de numeração dos povos abordados nesta etapa (fenícios, hebreus, gregos e romanos), comentando as relações observadas.

2. Quais as relações entre o processo de decomposição no sistema romano e no nosso atual sistema decimal?

3. Decompor um número do nosso sistema na forma usada pelos romanos e comente o procedimento. Ex: decomponha 6987, baseando-se sempre nas casas decimais 1000; 100; 10 e 1.

4. Você conhece outro exemplo de situações que envolvem o sistema hebraico além dos mencionados por nós? Cite-os.

OS NÚMEROS IMAGINADOS E UTILIZADOS PELOS CHINESES

Os chineses da antigüidade definiam sua matemática como "a arte do cálculo" (suanshu), que consistia num vasto conjunto de práticas e correntes que se desenvolveram na China entre o primeiro milênio anterior à nossa era e a queda da dinastia Manchu, em 1911. Após essa data, a matemática praticada na China se ocidentalizou e o saber matemático chinês tradicional tornou-se quase impenetrável para os que não tinham uma formação clássica.

A língua chinesa possui termos silábicos para designar os dez primeiros números e as primeiras potências de 10: 100, 1000 e 10000. Desde as primeiras inscrições em ossos, do século XIII a.C., os números são grafados e enunciados de maneira idêntica à do chinês moderno, isto é, de forma analítica e decimal. Por exemplo, 365 dias é escrito da seguinte maneira: três centos, mais seis vezes dez mais cinco sóis, ou seja, 3 x 100 + 6 x 10 + 5.

Sua escrita numérica remonta às inscrições divinatórias que figuravam no ventre de uma carapaça de tartaruga (animal milenar e sagrado na China ancestral). A prática da contagem e do cálculo aritmético com os números tem sua origem, certamente, mágico-religiosa, segundo a qual cada número representava um conjunto de "realidades" (ou símbolos), que os homens deviam ter em conta ao longo de sua vida feita de decisões e de ações fundamentais.

De acordo com Jean-Paul Collette (1985), a tradição chinesa remonta, provavelmente, ao terceiro milênio anterior à era cristã, período de estabelecimento dos primeiros impérios chineses. Collette afirma ainda que nas obras atribuídas a Confúcio encontram-se inúmeros sinais das práticas adivinhatórias chinesas, relacionadas à utilização dos números.

Em uma dessas obras, intitulada *I Ching* (livro das permutações ou mutações), encontramos o famoso *Pa Kuai (oito*[1] *trigramas),* formado por combinações variadas (permutações) de linhas retas e dispostas em um círculo, conforme a figura a seguir.

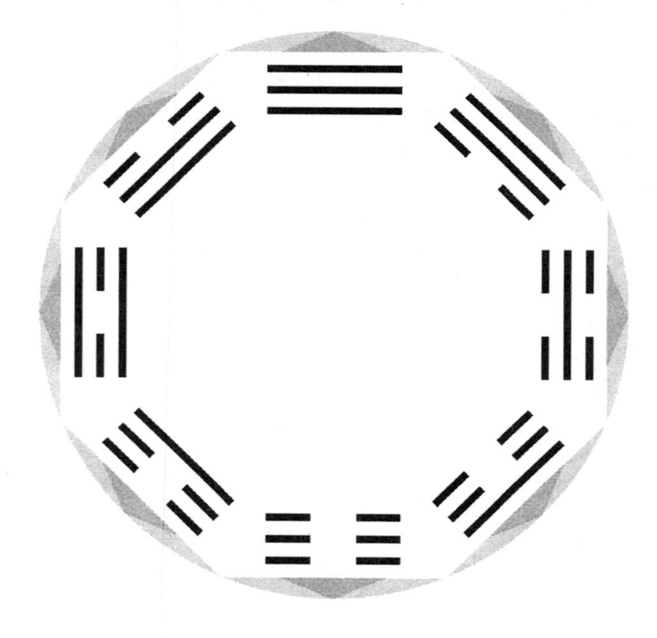

FIGURA 4.10

Conforme Teresa Vergani (1991), em *O zero e os infinitos*, o I Ching é um tratado orientado ao estudo das leis universais,

[1] Os oito trigramas indicam as direções celestes contadas a partir do Norte e no sentido contrário aos ponteiros do relógio.

praticado com o auxílio de fichas de cálculos, utilizadas nas atividades adivinhatórias. Segundo Vergani, os mestres chineses elaboraram uma *teoria da adivinhação apoiada na Ciência dos Números*.

De acordo com a figura mostrada anteriormente, vemos que as linhas do *Pa Kua* são constituídas a partir de duas formas iniciais: uma linha contínua, chamada *yang-xio*, que simboliza o princípio masculino, e outra linha dividida em duas partes, chamada *ying-xio*, que simboliza o princípio feminino ou negativo. Cada conjunto diferenciado de três linhas constitui um trigrama, e a combinação de todos os pares de trigramas totaliza 64 hexagramas.

Embora não se tenha nenhuma prova histórica que nos permita considerar o *Pa Kua* como um conjunto de símbolos numéricos originados em um sistema de base dois, é possível vislumbrarmos facilmente a existência de uma série de números bem ordenados, se atribuirmos ao *yang* o valor 1 e ao *ying* o valor 0. Partindo da base, e seguindo o sentido horário, obtemos a série 000, 001, 101, 011, 111, 110, 010, 100, que corresponde à série numérica 0, 1, 5, 3, 7, 6, 2, 4. Por outro lado, os dez primeiros números aparecem na antigüidade chinesa através de verdadeiros algarismos, sob a forma de bastonetes, oriundos de processos manuais de contagem e cálculo.

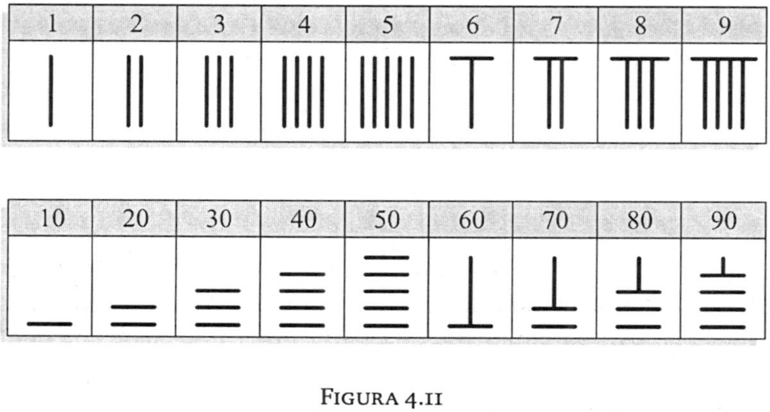

1	2	3	4	5	6	7	8	9

10	20	30	40	50	60	70	80	90

FIGURA 4.II

O MUNDO NUMÉRICO DOS INCAS, MAIAS E ASTECAS

Os antigos povos peruanos, durante muitos anos utilizaram cordões similares a barbantes para expressarem sua concepção numérica. Georges Jean (2002, p. 146) nos informa que, para os pastores peruanos, um cordãozinho cheio de nós servia para contar os rebanhos. Eis aí um exemplo do código *quipu*. Trata-se do sistema de numeração dos incas, representado pelo código *quipu*, um sistema de base decimal, organizado através de nós, distribuídos sistematicamente, em casas decimais, em linhas verticais. A ordem das casas decimais decresce de cima para baixo de acordo com o número de algarismos de cada número representado.

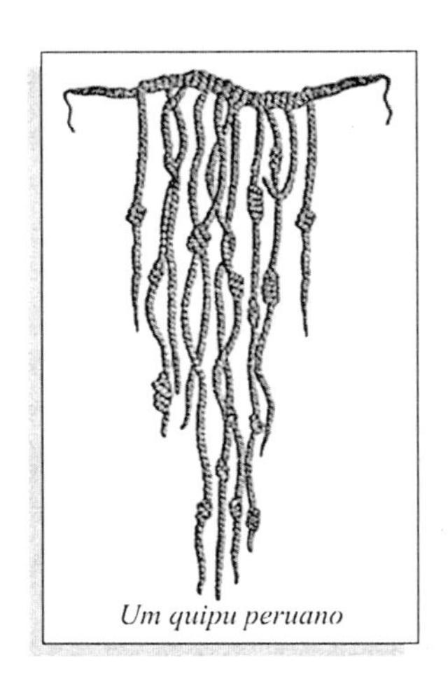

Um quipu peruano

FIGURA 4.12

Os incas têm no seu código *quipu* a expressão mais detalhada do modo como utilizavam a noção de número e representavam os diversos momentos sócio-culturais que envolviam operações matemáticas (comerciais, financeiras e estatísticas). Os exemplos que se seguem, extraídos de documentos encontrados

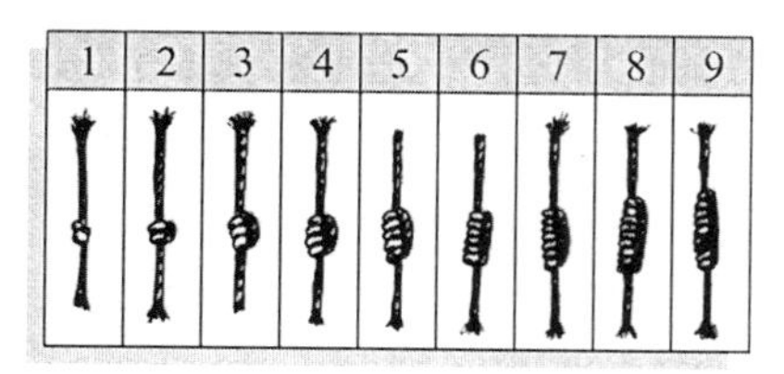

Representação das nove unidades num cordão.
Mediante o método do quipu inca.

milhares	3	3000
centenas	6	600
dezenas	4	40
unidades	3	3

Representação, num barbante,
do número 3.643,
mediante o método do quipu peruano

FIGURA 4.13

por arqueólogos, evidenciam bem essa característica peculiar dos incas, para garantir o arquivamento e a memória de cálculos utilizada por eles, em diferentes momentos da sua organização histórica e social.

Quanto ao sistema numérico praticado pelos maias, o mesmo foi descoberto pelas expedições espanholas a Yucatan, no início do século XVI. Sua base de contagem é vigesimal, mas seu segundo grupo vale $(18)(20) = 360$, em vez de $20^2 = 400$. Os grupos de ordem superior são da forma $(18)(20^n)$. A explicação para essa discrepância provavelmente reside no fato de o ano maia consistir em 360 dias. O símbolo para o zero dado na tabela a seguir, ou alguma variante desse símbolo, era usado consistentemente. Escreviam os vinte números do grupo básico de maneira muito simples, por meio de pontos e traços (seixos e gravetos), de acordo com o seguinte esquema (fig 4.14) de agrupamentos em que o ponto representa o 1 e o traço o 5.

Ao longo dos séculos, os números foram dando uma formidável contribuição a todas as ciências. Além disso, tantas aplicações exigiram criatividade na hora de nomear as descobertas. Assim, os números começaram a ser nomeados como *amigos, deficientes, transcendentais, abundantes, equiprováveis* e muitos mais. Boa parte dos nomes exprime relações aritméticas existentes nesses números, não evidenciando qualquer utilidade prática. Os números amigos, por exemplo, são duplas em que

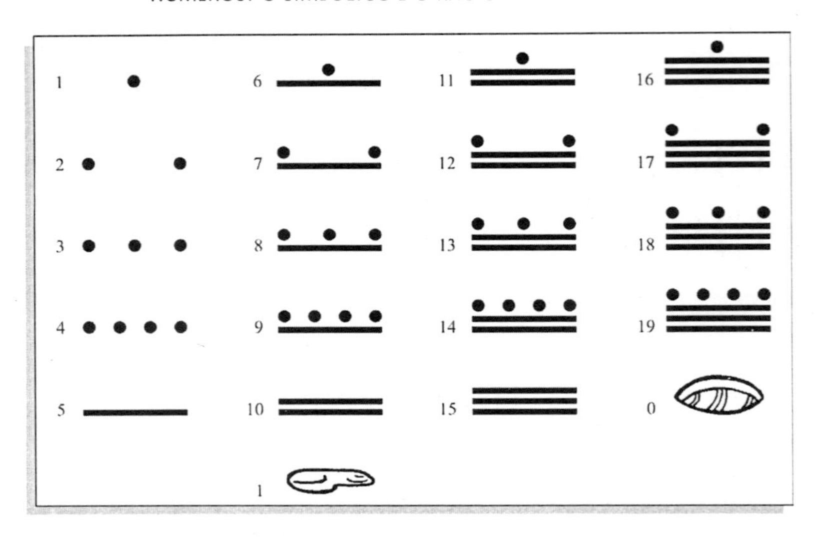

FIGURA 4.14

um é igual à soma dos divisores próprios do outro e vice-versa. Como exemplo temos 220 (1, 2, 4, 5, 10, 11, 20, 22, 44, 55, 110) e 284 (1, 2, 4, 71, 142).

Este capítulo tomou alguns aspectos que situam historicamente a construção dos sistemas numéricos importantes. Todavia, nosso objetivo foi suscitar em cada leitor o interesse por novos estudos sobre este tema. É possível, por exemplo, buscar respostas para a seguinte pergunta: como os hindus concebiam o zero nas operações aritméticas? Quais as contribuições da aritmética chinesa para o desenvolvimento da teoria dos números?, entre outras.

Por outro lado, há um campo vastíssimo a ser explorado por nós quando pensamos no sistema numérico criado e praticado por incas, maias e astecas. Essas três civilizações merecem um estudo mais detalhado por parte dos interessados na história dos números, tendo em vista o processo de contextualização sócio-cultural no qual cada sistema numérico sempre esteve ligado, desde a sua criação até a sua utilização. Este é um desafio deixado a cada leitor neste capítulo.

5

O Número entre o Real e o Imaginário

A COGNIÇÃO HUMANA opera exercícios de criatividade imaginal que têm desencadeado inúmeros avanços e recuos na ciência, ocasionando, muitas vezes, impactos na produção de tecnologia. A matemática se constitui em um desses exercícios cognitivos nos quais a sociedade humana se apóia para inventar e materializar realidades "imaginárias", necessárias ao estabelecimento de uma conexão entre o possível e o desejado pela mente do inventor.

Para exemplificar essa complexidade do pensamento humano, lanço mão da noção de número: um dos focos de constituição universal da matemática, tanto no tempo como no espaço.

A noção de número e quantidade surge na sociedade humana como uma forma de exercitar processos comparativos, quantificadores, classificadores e ordenadores dos objetos observados, elaborados e utilizados em todas as culturas, bem como para dominar os diversos fenômenos naturais e artificiais que envolvem as sociedades.

É nesse movimento crescente e reformulatório que a mente humana inventa ordens e desordens, signos e símbolos, operações e representações gráficas/geométricas das quantificações estabelecidas entre/com os símbolos[1] e signos[2]. Nesse sentido, os números passam a ser representados por signos, como símbolos que refletem diferentes aspectos representativos de uma mesma idéia, ou seja, para diversos objetos. É possível atribuirmos um mesmo símbolo correspondente, desde que estejam em correspondência quantificativa.

A esse respeito podemos exemplificar relembrando as relações numéricas apresentadas no início do livro, quando narramos aspectos cognitivos ligados às trocas realizadas no mercado de camelos, nas feiras livres, nas relações de medição em diferentes escalas de medidas, entre outras manifestações representativas do número. A linguagem numérica, portanto, se constitui de um conjunto de signos quantitativos que simbolizam o processo criativo de comunicação aritmética ou algébrica. Esse processo, porém, ocorre num *continuum* que não evidencia começo, meio ou fim. Manifesta-se e se diferencia de indivíduo a

---

[1] Conforme o dicionário Aurélio, símbolo é aquilo que, por um princípio de analogia, por sua forma ou sua natureza, evoca, representa ou substitui outra coisa num determinado contexto. Objeto material que, por convenção arbitrária, representa ou designa uma realidade complexa. Elemento gráfico ou objeto que representa e/ou indica de forma convencional um elemento importante para o esclarecimento ou a realização de alguma coisa. Sinal que substitui o nome de uma coisa ou de uma ação. Figura convencional elaborada expressamente para representar uma coisa; emblema, insígnia.

[2] Sinal, símbolo. Unidade lingüística que tem significante e significado; signo lingüístico. A imagem acústica de um signo lingüístico não é a palavra falada (ou seja, o som material) mas a impressão psíquica desse som, segundo Saussure; no uso corrente, contudo, o termo signo designa freqüentemente a palavra. Todo objeto, forma ou fenômeno que representa algo distinto de si mesmo: a cruz significando 'cristianismo'; a cor vermelha significando 'pare' (código de trânsito); uma pegada indicando a 'passagem' de alguém; as palavras designando 'coisas (ou classe de coisas)' do mundo real; etc.

indivíduo, de acordo com as suas relações cognitivas construídas acerca do conceito e da linguagem numérica.

Os avanços e retrocessos estabelecidos na elaboração cognitiva das culturas, acerca da noção de número, foram tomando proporções cada vez mais universais, até que se criaram sistemas de representação dessas idéias visando à universalidade da compreensão. Com isso, abandonam-se os diferentes sistemas de numeração existentes, até que se estabelece uma valorização oficial das práticas de alguns povos do Mediterrâneo e Oriente Médio (comércio e sistema de trocas substituídos pela criação da moeda), tendo em vista a formalização de tais práticas.

Desse movimento cognitivo, gerado e sustentado pela sociedade e pela cultura matemática, surgem nomenclaturas acerca da classificação dos números, o que ocasionou a organização dos números em naturais, inteiros, racionais, irracionais e reais. Surge, porém, uma questão: de que realidade falamos quando tratamos desses números? Será que essa realidade comporta a capacidade imaginativa característica da cultura humana?

Se analisarmos o comportamento dessas noções numéricas, perceberemos que tais classificações dizem respeito ao modo no qual o pensamento humano se apóia para agrupar tais números e, principalmente, pelos seus objetivos práticos.

A complexidade do conhecimento humano, entretanto, pode apoiar-se no desenvolvimento do conceito de número, desde o primeiro sinal imaginativo até a configuração dos números complexos. Nessa configuração, os matemáticos procuram evidenciar o caráter dialogal entre o real e o imaginário na perspectiva de generalizar a noção de número.

Conforme Dantzig (1970, p. 202), esses exercícios aplicam-se aos conceitos de real e imaginário, estabelecidos por Descartes. Isso porque o termo imaginário, da maneira em que é aplicado à forma $a + \sqrt{-b}$, era justificável então, já que nenhum substrato concreto poderia ser designado a tais grandezas.

De acordo com essas idéias, um número complexo constitui-se em um número composto por duas partes, uma real e outra imaginária. Isso significa que um número é constituído de uma parte concebida na realidade materializada na mente humana e outra imaginada por essa mesma mente. Sua representação simbólica é dada sob a forma

$$Z = a + bi,$$

onde a representa a parte real e bi a parte imaginária.

Apoiando-nos nas palavras do poeta e professor João de Jesus Paes Loureiro (1995), podemos considerar que, metaforicamente, nos números complexos habitam interativamente dois valores: o valor do testemunho, expresso pela parte real, e o valor da emoção/imaginação, expressado na parte imaginária. A parte real remete-nos aos signos numéricos básicos que agrupam-se criativamente para dar o valor dos testemunhos, enquanto a parte imaginária admite *corais de signos* imaginários que tratam dos significados metarreais (irreais).

Se existe alguma irrealidade no número complexo, ela não está no nome nem no uso do símbolo $\sqrt{-1}$, pois um número complexo é apenas um par de números reais encarado como um único indivíduo, e não pode ser mais ou menos fictício do que os números reais de que é composto. Desse modo, a crítica acerca da realidade do conceito numérico deve reverter ao número real. (Dantzig, 1970, p. 203).

Fica evidente que a realidade codificada pela parte real interage em simbiose com a imaginação numérica, gerando uma *argamassa* matemática que constitui os números complexos. É possível, portanto, conduzirmos nossas reflexões por caminhos que nos possibilitem concluir que o sentido numérico se amplia, cognitivamente, à medida que nos apoiamos em esquemas anteriores e os ampliamos de acordo com os desafios que as situações contextuais nos lançam.

Desse modo, fica cada vez mais evidenciado o caráter numérico atribuído ao mundo, reforçando a expressão "pitagórica" de que "os números governam o mundo". É talvez a partir de observações, reflexões e buscas de subsídios para estabelecer relações entre o número e as coisas da vida que surgem proposições reflexivas como a que mostramos a seguir.

VIVEMOS E PENSAMOS NÚMEROS EM NOSSAS ATIVIDADES

DIARIAMENTE NOSSAS ATIVIDADES SOCIAIS, econômicas e culturais refletem características que evidenciam o pensamento e a linguagem numérica. Entretanto, muitas vezes, não admitimos que tais manifestações cognitivas apontam em direção ao entrelaçamento pensado/praticado por nós na configuração do mundo em uma perspectiva numérica.

A esse respeito vale lembrar a importância dada aos valores monetários, números das residências, das quadras em que habitamos, números de sapatos que calçamos, roupas que vestimos, número de celular ou telefone convencional, entre outros aspectos que sistematicamente nos colocam numa cela imaginária na qual estamos aprisionados, e muitas vezes satisfatoriamente confortados com tal prisão.

Em uma crônica publicada em 1984, Clarice Lispector já nos alertava para esse aspecto da vida numérica ao qual nos sujeitaríamos sob pena de sabermos dialogar para não perder a essência humana pela essência numérica. Trata-se da crônica *Você é um número* [3], apresentada a seguir.

Você é um Número

Se você não tomar cuidado vira número até para si mesmo. Porque a partir do instante em que você nasce classificam-no com um número. Sua identidade no Félix Pacheco é um número. O registro civil é um número. Seu título de eleitor é um número. Profissionalmente falando você também é. Para ser motorista tem carteira com número, e chapa de carro. No Imposto de Renda, o contribuinte é identificado com um número. Seu prédio, seu telefone, seu número de apartamento — tudo é número.

---

[3] Texto de Clarice Lispector, extraído de "A descoberta do mundo", publicado pela editora Nova Fronteira, em 1984, p. 572–573.

Se é dos que abrem crediário, para eles você é um número. Se tem propriedade, também. Se é sócio de um clube tem um número. Se é imortal da Academia Brasileira de Letras tem o número da cadeira.

É por isso que vou tomar aulas particulares de Matemática. Preciso saber coisas. Ou aulas de Física. Não estou brincando: vou mesmo tomar aulas de Matemática, preciso saber alguma coisa sobre cálculo integral.

Se você é comerciante, seu alvará de localização o classifica também. Se é contribuinte de qualquer obra de beneficência também é solicitado por um número.

Se faz viagem de passeio ou de turismo ou de negócio recebe um número. Para tomar um avião, dão-lhe um número. Se possui ações também recebe um, como acionista de uma companhia. É claro que você é um número no recenseamento. Se é católico recebe um número de batismo. No registro civil ou religioso você é numerado. Se possui personalidade jurídica tem. E quando morre, no jazigo, tem número. E a certidão de óbito também.

Nós somos ninguém Protesto. Aliás é inútil o protesto. E vai ver meu protesto também é número.

Uma amiga me contou que no Alto Sertão de Pernambuco uma mulher estava com o filho doente, desidratado, foi ao Posto de Saúde e recebeu a ficha número 10, mas dentro do horário previsto pelo médico a criança não pode ser atendida porque só atenderam até o número 9. A criança morreu por causa de um número. Nós somos culpados.

Se há uma guerra, você é classificado por um número. Numa pulseira com placa metálica, se não me engano. Ou numa coleira de pescoço, metálica.

Nós vamos lutar contra isso. Cada um é um, sem número. O si-mesmo é apenas o si-mesmo. E Deus não é um número. Vamos ser gente, por favor. Nossa sociedade está nos deixando secos como um número seco, como um osso branco seco exposto ao sol.

Meu número íntimo é 9. Só. 8. Só. 7. Só. Sem somá-los nem transformá-los em novecentos e oitenta e sete. Estou me classificando com um número? Não, a intimidade não deixa. Veja, tentei várias vezes na vida não ter número e não escapei. O que faz com que precisemos de muito carinho, de nome próprio, de genuinidade. Vamos amar que amor não tem número. Ou tem?

A crônica nos mostra que a preocupação com o caráter atribuído ao número continua cada vez mais acentuada, perpetuando a máxima pitagórica que dizia "os números governam o mundo". Todavia, o que mais nos interessa refletir aqui é a necessidade de implementar ações cognitivas em sala de aula, com vistas a valorizar todos os aspectos inerentes à propriedade que os números têm para explicar e nos fazer compreender os mais variados fenômenos manifestados pela natureza, pela cultura e pela sociedade.

As propriedades numéricas, às quais me refiro, são exatamente aquelas que caracterizam cada um e todos os aspectos numéricos manifestados de forma racional ou simbólica em todas as atividades que envolvem princípios de contagem, agrupamento, classificação, ordenação, entre outras habilidades inerentes ao conceito de número. São essas atividades que explicitam a alma matemática atribuída a esses entes matemáticos primários (os números) que se tornaram proliferadores de uma forma quantitativa de interpretação do mundo.

De acordo com Dantzig (1970), foi com a descoberta do imaginário que a ampliação das possibilidades numéricas começou a surgir. Isso porque Cardano, em 1545, ousou ensaiar as primeiras representações simbólicas para o "sem significado", ou seja, inicia-se uma matematização do "impossível, do fictício, do místico ou imaginário" (Dantzig, 1970, p. 161).

Estava estabelecida, assim, uma nova trilha para que a matemática pudesse enveredar na ampliação do campo numérico. Bastava, para isso, penetrar nesse portal imaginário e dar-lhe o significado necessário para o estabelecimento de um novo olhar sobre o mundo. Um olhar no qual estavam, agora juntos, real e imaginário, sempre apoiados no real.

ATIVIDADE 7

1. Após a leitura deste capítulo, estabeleça relações parte-todo na representação dos números naturais, inteiros, racionais e reais, tomando agora como referência o campo complexo, composto pelo real e pelo imaginário.

2. Como você vê a presença do pensamento numérico nas operações comerciais realizadas nas diversas ramificações econômicas da sociedade? Dê alguns exemplos que concretizem suas explicações.

3. É possível ensinar o conceito de número e as operações numéricas básicas a partir das atividades sociais praticadas diariamente, tais como as mencionadas no texto de Clarice Lispector? Apresente sugestões de como você abordaria o ensino de número e operações na escola, a partir dos problemas sociais, vivenciados pelos alunos e pela família.

6

Sobre o Número Pi (π) e os Triângulos Numéricos

SOBRE O NÚMERO PI

Ao longo da história da invenção e utilização dos números como forma de expressão, interpretação e criação matemática, algumas dessas criações despertaram maior atenção dos matemáticos. Entre elas podemos destacar o número π.

Inúmeros foram as tentativas e desafios enfrentados pelos matemáticos, de várias épocas e de diversos locais do planeta, na tentativa de descrever analiticamente as relações numéricas que envolviam e envolvem, até hoje, o número π. Esse número é, comumente, visto como a razão entre a medida do comprimento da circunferência e a medida do seu diâmetro. Daí representar a razão entre a área de um círculo e a área do quadrado gerado pela medida do seu raio.

De modo semelhante, π aparece como uma razão relacionada com certas áreas de superfícies e volumes em geometria espacial. Fórmulas para a elipse e outras curvas também contêm o número π. Mas o seu uso não se restringe, de modo algum, a situações geométricas. Aparece em vários ramos da matemática, como na apresentação de séries numéricas, trigonométricas, números complexos e funções exponenciais.

A circunferência, como figura mais regular e perfeita que era, dentro do grandioso jogo de linhas da geometria, naturalmente chamou a atenção dos matemáticos e geômetras desde muito cedo. Além disso, um problema apresentava-se a cada passo na prática: que perímetro possui uma roda de um dado diâmetro? Que quantidade de água deve caber em um copo de seção circular? Que distância percorre uma roda ao dar uma volta?, *etc*...

Os povos da Antigüidade (egípcios, chineses, babilônios e hindus) envolveram-se com esses problemas ligados à razão entre o comprimento da circunferência e seu diâmetro, chegando a resultados variados e polêmicos. Os judeus, por exemplo, aproximaram o resultado dessa razão ao número 3, ou seja, consideraram que o comprimento da circunferência era o triplo do seu diâmetro. Tal razão numérica foi efetivamente invalidada experimentalmente.

O desenvolvimento gradual das idéias acerca do número π pode ser acompanhado desde os mais antigos registros históricos da matemática até o presente. Um dos problemas geométricos mais antigos do homem era achar um quadrado de área igual à de um dado círculo (o problema famoso da quadratura do círculo).

A QUADRATURA DO CÍRCULO

UM DOS TEMAS MATEMÁTICOS dos quais o número π possivelmente tenha se originado é o famoso problema da quadratura do círculo. Esse problema atravessou milênios de história da matemática. Podemos, hoje, afirmar que a quadratura do círculo atrai e sempre atraiu qualquer pessoa que possui curiosidade matemática, devido ao número de vezes em que se ouviu falar sobre tal problema.

Conforme Gallego (1994, p. 19), esse problema poderia ser

chamado de "a retificação da circunferência ou simplesmente o estudo e cálculo do número π". Tal consideração justifica-se devido a qualquer dos dois títulos dado ao problema conduzir a processos análogos de busca de soluções, pois ambos têm como convergência a determinação de um mesmo valor numérico — o π.

O processo matemático implica em transformar a curva (circunferência) em um segmento de reta de mesma medida e, em seguida, gerar um quadrado a partir daquele mesmo segmento de reta. Isso implica imaginar que o quadrado limitará uma área que terá a mesma medida da área ocupada pela circunferência.

As discussões acerca desse problema ultrapassaram a Antigüidade, a Idade Média e o Renascimento; seguindo a Idade Moderna e continua, ainda hoje, desafiando a curiosidade dos estudantes e dos matemáticos de um modo geral. Todavia, podemos considerar que em todos os casos, surgiram dois caminhos em direção à busca de soluções para o problema: o geométrico, com a ajuda de régua e compasso, e outro chamado aritmo-geométrico, utilizando meios escassos existentes antes da criação da análise.

Várias foram as tentativas, inúmeros foram os resultados e conclusões que conduziram a novas descobertas matemáticas durante a busca de alcançar a quadratura do círculo. Entretanto, o que emergiu dessas tentativas matemáticas foram as relações existentes entre o comprimento da circunferência e o seu diâmetro e entre as áreas do círculo e do quadrado. Ambas as relações fizeram emergir um valor numérico constante que posteriormente foi denominado de número π. Vejamos, então, como surgiram tais relações:

$$C = 2\pi R$$

$$D = 2R$$

$$\frac{C}{D} = \frac{2\pi R}{2R} = \pi$$

$$\frac{A_1}{A_2} = \frac{\pi R^2}{D^2} = \frac{\pi R^2}{(2R)^2} = \frac{\pi}{4}$$

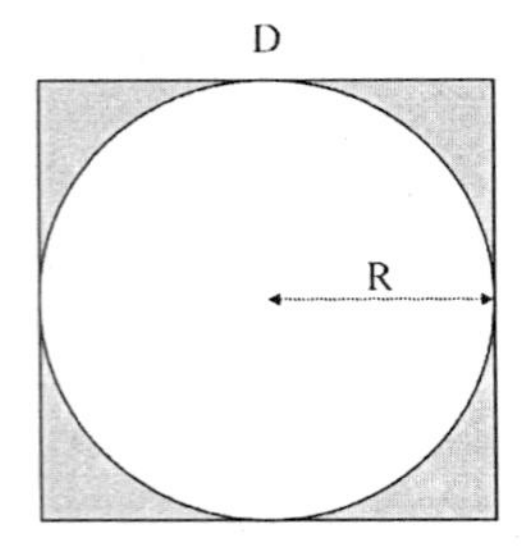

FIGURA 6.1

UM POUCO DA TRAJETÓRIA HISTÓRICA DO π

DE ACORDO COM GALLEGO (1994, p. 20), a mais antiga referência histórica da determinação do π se encontra no papiro de Rhind, onde se indica a forma de construção de um quadrado de área igual a um círculo dado, considerando que o lado de tal quadrado é 1/9 a menos da medida do diâmetro, ou seja, mede 8/9 da medida original do diâmetro da circunferência.

O problema 41 do papiro de Rhind (c. 1650 a.C.), apresenta a seguinte situação: "Exemplo de resolução de um recipiente circular de diâmetro 9 e altura 10. Você deve subtrair um nono de 9, ou seja 1; diferença 8. Multiplique 8 (oito) vezes, resultado 64. Você deve multiplicar 64 dez vezes, vindo a ter 640". Generalizando-se este problema, encontrava-se a área da base circular como o quadrado de 8/9 do diâmetro. Desse modo, o valor da área procurada é:

$$A = \left(\frac{8D}{9}\right)^2$$

que, igualando a

$$A = \frac{\pi D^2}{4}$$

dá uma aproximação bastante razoável para a época, isto é:

$$\pi = \frac{256}{81} = 3,160493827$$

A aproximação $\pi = 3$, menos precisa que a obtida pelos egípcios, foi conhecida pelos babilônios e está em conexão com seu descobrimento de que o lado de um hexágono regular inscrito em uma circunferência é igual ao raio da mesma.

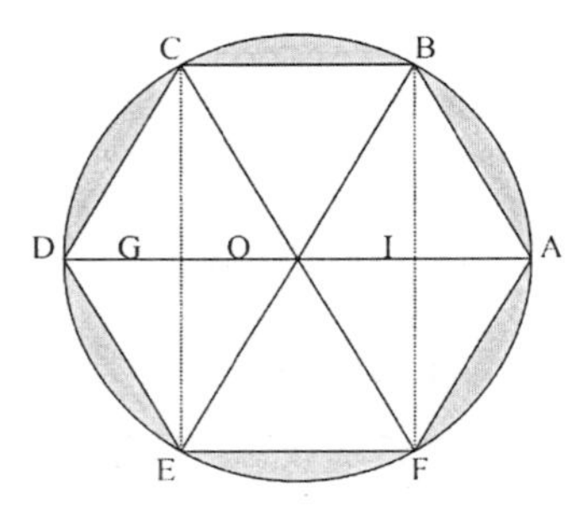

FIGURA 6.2 *Observando a figura, percebemos que:* BC = EF = GI = R *(Raio da circunferência).*

Este valor foi validado durante muitos séculos e está implícito na Bíblia, no Antigo Testamento, Livro 1 dos Reis, Capítulo VII, versículo 23 e no livro 2 das crônicas, capítulo IV, versículo 2, nos quais se fala de um círculo de 10 unidades de diâmetro e 30 unidades de contorno. Do mesmo modo, esse valor encontra-se registrado no Talmud[1].

Alguns indícios históricos evidenciam que é com Anaxágoras, na Grécia, que se realizou uma das primeiras tentativas de determinação matemática sistematizada do valor do π. Tal empreendimento concretizou-se através da abordagem do problema da quadratura do círculo. Entretanto, Arquimedes foi o primeiro a dominar um valor mais apropriado para o número π, a partir do seguinte problema:

- *todo círculo possui a mesma área que um triângulo retângulo, cujos catetos são, respectivamente, iguais ao raio r e ao perímetro P da circunferência*

---

[1] Doutrina e jurisprudência da lei mosaica, com explicações dos textos jurídicos do Pentateuco, e a Michná. Essa jurisprudência foi elaborada pelos comentadores entre os séculos III e o VI.

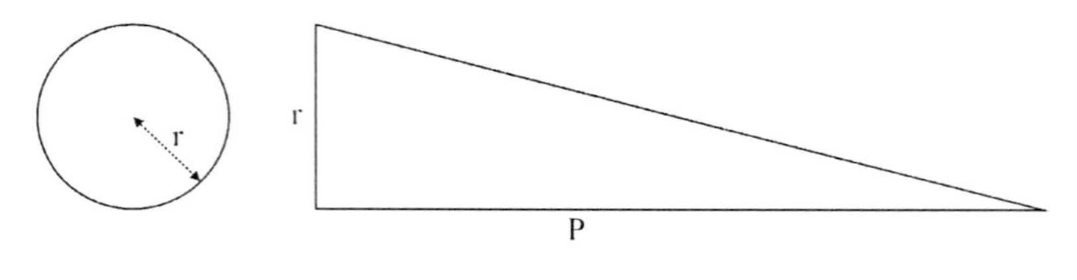

FIGURA 6.3

A proposição, no entanto, foi refutada por vários matemáticos gregos, baseando-se no fato de que o perímetro é incomensurável em relação ao raio e, por isso, a razão entre perímetro e raio, portanto, não pode ser expressa por um número racional. Logo, não seria possível comprovar tal proposição.

Arquimedes apresentou um método interessante de calcular um valor aproximado de π. Muito antes dele, os matemáticos já sabiam que o comprimento da circunferência é igual a *um número um pouco maior que 3 vezes o diâmetro da circunferência*. Desde a Antigüidade, foram muitos os matemáticos que se dedicaram a calcular o valor exato desse número *um pouco maior que 3*, que hoje conhecemos como π. Não devemos esquecer, também, o interesse que o matemático grego tinha pelas circunferências. Nada mais natural, para um construtor de rodas. Ele sabia, por exemplo, como calcular a área de um círculo.

Podemos pensar num círculo como sendo formado por uma infinidade de circunferências concêntricas e de raios cada vez menores até que possam aproximar-se, ao máximo, do centro dessa circunferência maior, o que levaria a ter a extensão da superfície circular, que é nosso objetivo.

SOBRE OS TRIÂNGULOS NUMÉRICOS

De acordo com informações apresentadas por Dantzig (1970, p. 233–234), há dois triângulos aritméticos que evidenciam o uso de padrões para mostrar as propriedades dos inteiros: os triângulos aritméticos de Fibonacci e o de Pascal.

O TRIÂNGULO DE FIBONACCI

SEGUNDO DANTZIG (1970), Fibonacci usa o seu triângulo aritmético como uma estratégia algorítmica para apresentar a sua prova da identidade

$$1^3 + 2^3 + 3^3 + \cdots + n^3 = (1 + 2 + 3 + \cdots + n)^2.$$

Para tanto, dispôs os inteiros ímpares consecutivos em uma seqüência triangular, como na figura a seguir. O triângulo de Fibonacci (figura abaixo) tem seus elementos distribuídos na forma de uma progressão aritmética e aponta várias evidências aritméticas geradas da soma de cada seqüência parcial, composta pelos ímpares consecutivos de cada linha. Nesse sentido, podemos apontar algumas relações numéricas extraídas do referido triângulo:

									1	1^3
								3	5	2^3
							7	9	11	3^3
						13	15	17	19	4^3
					21	23	25	27	29	5^3
				31	33	35	37	39	41	6^3
			43	45	47	49	51	53	55	7^3
		57	59	61	63	65	67	69	71	8^3
	73	75	77	79	81	83	85	87	89	9^3
91	93	95	97	99	101	103	105	107	109	10^3

- A soma de cada linha do triângulo dá como resultado o cubo do número de elementos de cada linha, bem como o cubo do número da linha. Como exemplo, podemos citar a linha 5, na qual a soma 21 + 23 + 25 + 27 + 29 é dada por 5^3, onde 5 é número da linha e o número de elementos da linha;
- O 25 é a média aritmética dos termos eqüidistantes;

- O número de elementos de cada linha é a raiz quadrada do termo central (se a seqüência for ímpar) ou da média entre os dois termos centrais (se a seqüência for par), bem como da média dos termos eqüidistantes.

O TRIÂNGULO DE PASCAL

O TRIÂNGULO ARITMÉTICO DE PASCAL aponta uma série de evidências aritméticas que podem ser extraídas através da sua exploração pelos estudantes em suas atividades matemáticas. Cada linha do triângulo obtém-se da linha anterior do seguinte modo: todas as linhas começam e acabam por 1; de baixo e entre cada par de números põe-se a sua soma. Nesse sentido, podemos observar a figura a seguir e explorá-la de modo a identificar e descrever cada relação aritmética identificada:

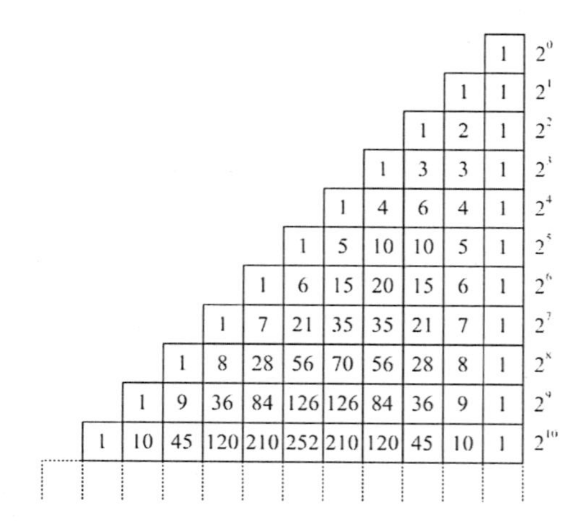

										1	2^0
									1	1	2^1
								1	2	1	2^2
							1	3	3	1	2^3
						1	4	6	4	1	2^4
					1	5	10	10	5	1	2^5
				1	6	15	20	15	6	1	2^6
			1	7	21	35	35	21	7	1	2^7
		1	8	28	56	70	56	28	8	1	2^8
	1	9	36	84	126	126	84	36	9	1	2^9
1	10	45	120	210	252	210	120	45	10	1	2^{10}

- A soma dos elementos da seqüência de cada linha é representada pela potência indicada no lado direito de fora do triângulo;

OUTROS TRIÂNGULOS NUMÉRICOS

No livro *Maravilhas da Matemática*, no capítulo V intitulado *Da crise às palavras cruzadas*, Hogben (1952) explora os aspectos lúdicos dos números para mostrar princípios de contagem, entre os quais menciona os quadrados mágicos e os números triangulares e quadrados.

Dos números triangulares consideramos importante abordar os aspectos aritméticos presentes na seqüência apresentada pelo autor. Vejamos, então, algumas seqüências numéricas mencionadas na página 329 do referido livro:

Números naturais	Números triangulares simples
1 = 1	1 = 1
1 1 = 2	1 2 = 3
1 1 1 = 3	1 2 3 = 6
1 1 1 1 = 4	1 2 3 4 = 10
1 1 1 1 1 = 5	1 2 3 4 5 = 15
1 1 1 1 1 1 = 6	1 2 3 4 5 6 = 21
1 1 1 1 1 1 1 = 7	1 2 3 4 5 6 7 = 28

Números triangulares de segunda ordem	Números triangulares de terceira ordem
1 = 1	1 = 1
1 3 = 4	1 4 = 5
1 3 6 = 10	1 4 10 = 15
1 3 6 10 = 20	1 4 10 20 = 35
1 3 6 10 15 = 35	1 4 10 20 35 = 70
1 3 6 10 15 21 = 56	1 4 10 20 35 56 = 126
1 3 6 10 15 21 28 = 84	1 4 10 20 35 56 84 = 210

Na seqüência de números naturais fica evidente a ordem na qual a mesma é construída, ou seja, sempre que acrescentamos uma unidade ao resultado anterior, obtemos o próximo valor da seqüência. Já a seqüência de números triangulares simples toma em cada uma de suas linhas a ordem dos naturais, de modo a somar seus elementos, gerando assim cada elemento da coluna final. Se tomarmos cada linha, teremos as seguintes somas:

$$\text{Linha1} : 1;$$
$$\text{Linha2} : 1 + 2 = 3;$$
$$\text{Linha3} : 1 + 2 + 3 = 6;$$
$$\text{Linha4} : 1 + 2 + 3 + 4 = 10;$$
$$\text{Linha5} : 1 + 2 + 3 + 4 + 5 = 15;$$
$$\text{Linha6} : 1 + 2 + 3 + 4 + 5 + 6 = 21;$$
$$\text{Linha7} : 1 + 2 + 3 + 4 + 5 + 6 + 7 = 28.$$

Podemos perceber que o resultado de cada linha é dado pela soma da seqüência de números naturais correspondentes ao número de cada linha. Os resultados, no entanto, formam a seqüência: 1; 3; 6; 10; 15; 21; 28, que pode ser interpretada da seguinte maneira:

- Cada elemento da seqüência é gerado da soma do elemento anterior com elemento correspondente à ordem que se pretende gerar.

Desse modo, podemos admitir que os termos da seqüência foram gerados assim:

$$1 = 0 + 1\ (1^\circ);$$
$$3 = 1 + 2\ (2^\circ);$$
$$6 = 3 + 3\ (3^\circ);$$
$$10 = 6 + 4\ (4^\circ);$$
$$15 = 10 + 5\ (5^\circ);$$
$$21 = 15 + 6\ (6^\circ);$$
$$28 = 21 + 7\ (7^\circ).$$

ATIVIDADE 8

1. A partir do processo de contagem usado para construir os triângulos numéricos naturais e números triangulares simples, tente explicar como cada linha e coluna final foram geradas nos outros triângulos.

7

Indicações de Leitura Sobre o Tema

Ao leitor interessado em aprofundar seus estudos sobre o tema abordado neste livro, indicamos alguns caminhos e trilhas que delineiam traçados sobre os mapas construídos por estudiosos sobre os números, suas matemáticas, suas mágicas, diabruras e ludicidades. A seguir, apresentaremos um bloco de indicações bibliográficas sobre o tema, com um pequeno comentário sobre cada uma delas.

ADLER, Irving.
Números e figuras. Tradução Rodrigo Machado. Lisboa: Verbo, 1964. (Coleção Maravilhas do Mundo e da Ciência).

O livro foi publicado originalmente em Nova York, em 1958 e faz parte de uma coleção didática, destinada a subsidiar as atividades de ensino e aprendizagem escolar nas séries correspondentes ao ensino fundamental e ao curso de formação de professores do referido nível escolar.

A obra tem como objetivo abordar aspectos históricos e culturais relacionados à matemática e, principalmente, no que se refere ao sentido sócio-cognitivo e cultural do número. Para tanto, seu autor aborda aspectos ligados à origem do conceito de número, suas representações desde a pré-história, bem como suas diversas representações sistemáticas. Além disso, apresenta, mesmo que superficialmente, justificativas históricas para as classificações dos números em primos e compostos, triangulares, retangulares e cúbicos, bem como alguns problemas clássicos ligados ao sentido numérico.

Há, ainda, vários aspectos importantes que são abordados de forma curiosa e criativa pelo autor, como a noção de ângulo e a importância do conhecimento numérico para a compreensão das noções básicas de geometria, de trigonometria, de astronomia e navegação. O livro prossegue abordando aspectos matemáticos ligados à geometria na natureza, a representação geométrica no plano cartesiano, o processo combinatório e sua importância no desenvolvimento da contagem, os diversos algoritmos e sistemas mecânicos para efetuar cálculos, finalizando com a inserção da matemática na música, nos jogos de azar (baralho) e nas artes plásticas (pintura e desenho).

Finaliza apontando aspectos ligados às aplicações da matemática na realidade atual, enfatizando as diversas profissões e a exploração do espaço. Trata-se de um bom livro de divulgação do saber matemático, a partir de uma perspectiva histórica que pode contribuir para que o professor possa ilustrar aspectos relacionados aos conteúdos abordados em sala de aula.

ASIMOV, Isaac.
No mundo dos números. 4. ed. Rio de Janeiro: Francisco Alves, 1989.

O livro de Asimov tem como finalidade tornar mais simples e compreensível a noção de número entre as pessoas que não têm uma relação mais profunda com a matemática. Através de uma abordagem mais atraente ao leitor não acadêmico, ele descreve os aspectos conceituais do número, suas diversas formas de contagem e operações, bem como os princípios em que se baseiam determinadas explicações para os mecanismos operacionais.

A obra está dividida em 10 capítulos, abordando temas do tipo: dígitos e dígitos; nada e menos que nada; evitando a adição; números quebrados; quebra por dezenas; a forma dos números; à procura das raízes; os números muito grandes e os muito pequenos; da série numérica para o setor numérico; infinidade. Usando uma linguagem simples e de fácil acesso ao leitor, o livro consegue eliminar o desinteresse de quem o lê. Um bom texto para iniciar estudos investigatórios sobre os números, embora não seja considerado literatura acadêmica.

DANTZIG, TOBIAS.
Número: a linguagem da ciência. Tradução Sérgio Góes de Paula. 4. ed. Rio de Janeiro: Zahar, 1970.

O livro de Tobias Dantzig foi publicado pela primeira vez em 1930 e esta edição, publicada em 1970, ainda hoje se constitui em uma leitura obrigatória para qualquer pessoa interessada nas origens e interpretações acerca do desenvolvimento do conceito de número e seus desdobramentos no campo da epistemologia da matemática. Trata-se de um texto elaborado a partir de uma perspectiva histórica, embora não seja uma obra propriamente de história da matemática.

Está organizado em duas partes, nas quais seu autor aponta os aspectos fundamentais ligados ao desenvolvimento do conceito de número e suas variadas sistematizações em contextos sociais e culturais. Além disso, discute as necessidades que nos fazem construir argumentos numéricos para sustentação dos aspectos científicos referentes ao conhecimento gerado pela sociedade humana.

DAVIS, HAROLD T.
Tópicos de História da Matemática para uso em sala de aula: computação. Tradução Hygino H. Domingues. v. 2. São Paulo: Atual, 1992.

Este livro contém duas partes: a primeira com uma introdução com uma visão geral e a segunda de 22 cápsulas que tratam de diversos aspectos referentes à contagem, computação e suas contribuições para o empreendimento cognitivo em sala de aula. A visão geral aborda a origem da computação, e sua necessidade nas enumerações básicas em transações comerciais que posteriormente ocasionaram o desenvolvimento dos sistemas de numeração, da computação e operações com ábacos, bem como as diversas formas de registros de valores computacionais referentes a outros ramos da matemática, como a trigonometria e os calendários.

As 22 cápsulas abordam tópicos referentes à computação e números do ábaco aos cálculos com os dedos; dos papiros egípcios aos números coreanos em barra; do *quipu* peruano aos procedimentos de multiplicação e divisão com frações; da origem dos símbolos para operações às barras de Napier e os logaritmos; do triângulo de Pascal aos computadores digitais atuais. Sem dúvida alguma, este livro contribui muito para a superação das dificuldades de justificativa que o professor encontra diariamente em sua sala de aula, quando os estudantes lançam determinadas perguntas interrogativas do tipo: onde surgiu este ou aquele sinal; qual era a forma inicial de representação dos números fracionários, entre outras perguntas dessa natureza.

GUNDLACH, Bernard H.
Tópicos de História da Matemática para uso em sala de aula: números e numerais. Tradução Hygino H. Domingues. v. 1. São Paulo: Atual, 1992.

Este livro contém duas partes: uma visão geral sobre o assunto, e outra levando em conta a importância que, muitas vezes, têm os detalhes da história dos números. A segunda parte é composta de 27 cápsulas independentes, consideradas como complementação da visão geral. Na visão geral, parece evidente que ao longo do caminho do desenvolvimento das civilizações, a enumeração precedeu a numeração que, por sua vez, precedeu o número.

As 27 cápsulas, entretanto, abordam aspectos históricos dos sistemas de numeração babilônico, egípcio; romano; grego;

chinês-japonês; maia e indo-arábico. Apresentam, ainda, a origem do zero; as concepções numéricas dos pitagóricos e o desenvolvimento histórico da teoria dos números a partir da aritmética, entre outros tópicos ligados à história dos números. Constitui-se em um bom material para superar as dificuldades conceituais iniciais dos professores durante a apresentação dos aspectos numéricos em sala de aula.

HOBEN, LANCELOT.
Maravilhas da Matemática: Influência e função da Matemática nos conhecimentos humanos. Tradução Paulo Moreira da Silva. 3. ed. Porto Alegre: Globo, 1952.

O livro está dividido em treze capítulos, mais cinco apêndices, dos quais apresentaremos alguns comentários. Inicialmente, aborda a dificuldade do mundo pré-histórico em interpretar, ler ou escrever a matemática, pela falta da linguagem das grandezas. Apresenta, também, o processo de criação e utilização do ábaco, na Antigüidade, como alternativa de realização das operações numéricas (aritméticas).

Segue discutindo e exemplificando situações referentes às estratégias humanas para mensurar o mundo, a partir da criação de processos de contagem e de medição. Aborda, ainda, a matemática como a linguagem das grandezas e em regras matemáticas, como regras gramaticais, é mais do que simples figura de retórica. Este capítulo é dedicado ao estudo minucioso da semelhança gramatical existente entre a matemática e as línguas da vida cotidiana.

Em outro momento, inicia uma discussão sobre os gregos, a partir das contribuições de Euclides para a geometria e cita também suas limitações. Retoma, em seguida, os princípios da aritmética, mostrando que os intelectuais gregos, defrontados com a crise de sua cultura social, já se entregavam às palavras cruzadas, muito antes de abolirem os números da geometria. Além disso, há um estudo da classificação dos números.

Mais adiante, trata da trigonometria a partir da história da fundação de Alexandria, apontando a invenção da trigonometria como a primeira fase da contribuição alexandrina ao mundo. Retoma as discussões sobre os números e trata das origens da álgebra, explicando como o caráter essencial e inédito da cultura hindu, referente à criação do símbolo 0, para representar o Nada.

Em seguida, aprofunda as discussões sobre a trigonometria a partir dos triângulos esféricos, regressando ao tempo das construções das pirâmides. Segue com discussões sobre astronomia e navegação, com algumas particularidades do triângulo esférico. Aborda, ainda, a geometria da reforma, tendo os gráficos como tema principal.

No momento seguinte, discute a coletivização da aritmética, estudando a invenção dos logaritmos, e o novo impulso que deram ao estudo das séries. Comparadas aos cálculos rudimentares dos matemáticos alexandrinos, as tarefas provocadas pela expansão comercial e pelos melhoramentos técnicos da arte de navegar, fizeram exigências exorbitantes e obrigaram a criação de algarismos mais compactos e menos laboriosos.

Em um momento posterior, trata de combinações e permutações, matriz, determinante e sistema linear, e ensina o cálculo do valor numérico dos determinantes, aplicações geométricas dos determinantes. Para finalizar, aborda a estatística, tratando dos seguintes temas: probabilidade matemática, probabilidade na vida cotidiana, média aritmética, hipótese estatística na ciência natural, teoria dos erros e teoria estatística na ciência social. Este capítulo ainda possui um apêndice para tratar de mediana, moda e coeficiente de correlação.

IFRAH, GEORGES.
Os números. A história de uma grande invenção. Tradução Stella M. de Freitas Senra. Revisão Técnica Antonio José Lopes e Jorge José Oliveira. 9. ed. São Paulo: Globo, 1998.

Nesta obra, Georges Ifrah faz uma descrição analítica do desenvolvimento histórico da noção de número, de modo a subsidiar a nossa compreensão acerca dos fatores que levaram a humanidade à criação dos algarismos representativos do pensamento numérico, dos sistemas de representação numérica, quer seja posicional ou não, e das diversas formas e instrumentos utilizados na formulação das operações com tais algarismos.

Para concretizar suas intenções, Ifrah introduz o assunto com uma proposição afirmativa/interrogativa, intitulada "De onde vem os algarismos", na qual aponta possíveis origens para o surgimento dos diversos tipos de representações do pensamento numérico que converge para a criação dos algarismos. Aborda, em seguida, a pré-história dos números, mostrando como o homem aprendeu a contar; a invenção da base; a primeira máquina de contar; a invenção dos algarismos; um impasse: os algarismos gregos e romanos; escrever mais depressa, simplificar a notação; o passo decisivo; Índia, berço da numeração moderna; a idade de ouro do Islã e as hesitações da Europa; para além da perfeição.

IFRAH, GEORGES.
História universal dos algarismos: a inteligência dos homens contada pelos números e pelo cálculo. Tradução Alberto Muñoz e Ana Beatriz Katinsky. Rio de Janeiro: Nova Fronteira, 1997, 2v.

O objetivo essencial desta obra em dois volumes é responder em termos simples e acessíveis, e da maneira mais completa possível, a todas as questões que o público se coloca com respeito à história universal dos algarismos e do cálculo, evolução complexa e multiforme que se estende da pré-história à era dos computadores e que parte das operações mais elementares — passando pelo terreno das aritméticas especulativas, místicas, religiosas, mágicas ou adivinhatórias — para desembocar nos cálculos mais gerais possíveis, após ter passado pela descoberta do zero e da numeração de posição.

A obra analisa as eras e as civilizações, apontando todas as explicações necessárias à compreensão da história dos números. Trata-se de uma obra útil para a ampliação e fomento à curiosidade do leitor e satisfação de seus próprios centros de interesse. Os dois volumes que compõem a obra fornecem uma visão ampliada, dinâmica e construtiva da aventura humana na formulação cognitiva, social e cultural dos aspectos numéricos e suas implicações no desenvolvimento da matemática.

JEAN, GEORGES.
A escrita — memória dos homens. Tradução Lídia da Mota Amaral. Rio de Janeiro: Objetiva, 2002.
(Coleção Descobertas).

Embora não se trate de um livro sobre a história dos números, esta obra de Georges Jean é uma contribuição muito importante para nos situar acerca do momento histórico em que a escrita dos números aparece no contexto sócio-histórico e cultural da humanidade, como forma de expressão do pensamento quantitativo. Alguns capítulos, como "Uma invenção dos Deuses" e "Testemunhos e Documentos", devem ser alvo dos leitores dessa história da escrita na qual os números são essenciais.

KALSON, PAUL.
A magia dos números. A matemática ao alcance de todos. Tradução Henrique Carlos Pfeifer; Eugênio Brito e Frederico Porta. Porto Alegre: Globo, 1961. (Coleção Tapete Mágico XXXI).

O livro está dividido em duas partes:

1) Números e figuras e

2) No reino das funções.

A primeira parte remete-se aos aspectos históricos, culturais e aritméticos do número, bem como a sua relação com as noções topológicas e o surgimento das idéias sobre a álgebra. Aborda aspectos ligados ao cálculo, os gregos e a geometria aliada aos números, principalmente referindo a Descartes, à geometria em geral e às equações.

A segunda parte aborda aspectos históricos ligados ao desenvolvimento da noção de função e suas relações com a ciência, com a filosofia e com a ampliação das interpretações e representações matemáticas do mundo, considerando para isso a extensão do conceito de número, discutido na primeira parte do referido livro. O autor finaliza com uma pequena conclusão sobre as considerações apresentadas ao longo do livro, apontando aspectos relacionados à idéia de número complexo e suas representações.

STEWART, IAN.
Os números da natureza. A realidade irreal da imaginação matemática. Rio de Janeiro: Rocco, 1996. (Coleção Ciência Atual).

O livro de Ian Stewart aborda o número a partir de uma concepção, segundo a qual o pensamento número constitui-se em uma máquina da irrealidade virtual que, ao ser representado de forma sistemática, obedece a uma ordem natural. Desses aspectos numéricos, o autor aborda questões do tipo: para que serve a matemática, o que é matemática? Suas reflexões apontam para diversas direções nas quais o pensamento numérico se manifesta e é utilizado como forma de quantificação das atividades naturais.

VERGANI, TERESA.
O zero e os infinitos: uma experiência de antropologia cognitiva e educação matemática intercultural. Lisboa: Minerva, 1991.

"O zero e os infinitos" configura-se em uma publicação inovadora sobre três aspectos, nos quais o pensamento numérico, sua representação e sua utilização estão apoiados: a matemática, a antropologia dos sistemas e conceitos numéricos e o contexto cultural relacionado à construção desses sistemas. A concretização da abordagem transdisciplinar na qual o livro se estrutura, se materializa com a descrição de uma experiência pedagógica em uma disciplina intitulada "Matemática, sociedade e cultura", ministrada na Escola Superior de Setúbal (Portugal).

Apresenta alguns conceitos numéricos de diferentes sociedades, como os maias, a antiga China, a África negra, os incas e ainda, aspectos numéricos na tradição oral do povo português.

Trata-se de um livro importante para ampliar a visão conceitual dos professores de matemática.

VERGANI, Teresa.
Matemática & Linguagem(s) — olhares interactivos e transculturais. Lisboa: Pandora, 2002.

Como o próprio título anuncia, o livro "Matemática e linguagem(s)" propõe uma abordagem transdisciplinar e transcultural da matemática, considerando os aspectos cognitivos manifestados por diversas sociedades na elaboração e representação do pensamento e linguagem numérica.

Sua autora manifesta a preocupação em dar aos professores de matemática, ou mesmo da área de língua portuguesa, possibilidades de avaliar o caráter transversalizante da matemática como linguagem, apoiando-se, para isso, na construção do conceito de número, na sua representação e significação cultural. Trata-se de um livro que, fortemente, aponta os significados sociais, culturais, simbólicos e racionais do número na sociedade planetária.

WEATHERFORD, Jack.
A história do dinheiro. Do arenito ao cyberspace. 3.ed. Tradução June Camargo. São Paulo: Negócio, 2000.

Apoiado no conceito de número, sistemas numéricos e operações aritméticas, o autor traça um itinerário histórico do dinheiro. Desde o uso do dinheiro clássico, iniciado com as primeiras trocas, ao comércio na Renascença e o dinheiro novo centrado na valorização do ouro. Aborda o surgimento do papel-moeda através do surgimento e valorização do dólar; as casas da moeda; a métrica monetária e as suas conseqüências.

Trata, por fim, do chamado dinheiro eletrônico, ou seja, os cartões de crédito, o imposto de renda e a arte do terror monetário na era do dinheiro. O autor aposta na concepção numérica para mostrar o que o pensamento humano foi capaz de criar a partir da criação do número.

Bibliografia e Referências

ADLER, Irving. *Números e figuras*. Tradução Rodrigo Machado. Lisboa: Verbo, 1964. (Coleção Maravilhas do Mundo e da Ciência).

ANDERSON, Mary. *Numerologia* – o poder secreto dos números. Um guia numérico para os segredos da vida. Tradução José Alberto Mendes de Sousa. Lisboa: Estampa, 1987.

CASCUDO, Luís da Câmara. *Dicionário do folclore brasileiro*. 9. ed. São Paulo: Global, 2000.

CHABOCHE, François-Xavier. *Vida e mistério dos números*. Tradução Luiz Carlos Teixeira de Freitas. São Paulo: Hemus, 1993.

CHEVALIER, Jean e GHEERBRANDT, Alain. *Dicionário dos símbolos*: mitos, sonhos, costumes, gestos, formas, figuras, cores, números. Tradução Vera da Costa e Silva; Raul de Sá Barbosa; Angela Melim e Lúcia Melim. Coordenação: Carlos Sussekind. 16. ed. Rio de Janeiro: José Olympio, 2001.

CRUMP, Thomas. *La antropología de los números*. Madri: Alianza Editorial, 1993.

D'AMBROSIO, Ubiratan. *Etnomatemática* – arte ou técnica de explicar e conhecer. São Paulo: Ática, 1990.

DANTZIG, Tobias. *Número*: a linguagem da ciência. Tradução Sérgio Góes de Paula. Rio de Janeiro: Zahar, 1970.

DEHAENE, Stanislas. *The number sense* – how the mind creates mathematics. London: Penguin Books, 1997.

EVES, Howard. *Introdução à história da matemática*. Tradução Hygino H. Domingues. Campinas, SP: Editora da UNICAMP, 1995.

FONTES, Hélio. *No passado da Matemática*. Rio de Janeiro: Fundação Getúlio Vargas, 1969.

GALLEGO, José Cortés. *Un problema clásico*. O número π. Sevilla, Espanha: Secretariado de publicações da Universidade de Sevilla, 1994.

HOBEN, Lancelot. *Maravilhas da Matemática*. Influência e função da Matemática nos conhecimentos humanos. Traduzido por Paulo Moreira da Silva. 3. ed. Porto Alegre: Globo, 1952.

IFRAH, Georges. *Os números*. A história de uma grande invenção. Tradução Stella M. de Freitas Senra. Revisão Técnica: Antonio José Lopes e Jorge José Oliveira. 9. ed. São Paulo: Globo, 1998.

________. *História universal dos algarismos*. A inteligência dos homens contada pelos números e pelo cálculo. *Tomo 1*. Tradução Alberto Muñoz e Ana Beatriz Katinsky. Rio de Janeiro: Nova Fronteira, 1997.

________. *História universal dos algarismos*. A inteligência dos homens contada pelos números e pelo cálculo *Tomo 2*. Tradução Alberto Muñoz e Ana Beatriz Katinsky. Rio de Janeiro: Nova Fronteira, 1997.

JEAN, Georges. *A escrita* – memória dos homens. Tradução Lídia da Mota Amaral. Rio de Janeiro: Objetiva, 2002. (Descobertas).

KAHAN, Tuball. *A ciência sagrada dos números*. São Paulo: Ibrasa, 1989. (Coleção Gnose, v. 29).

KALSON, Paul. *A magia dos números*. A matemática ao alcance de todos. Tradução Henrique Carlos Pfeifer; Eugênio Brito e Frederico Porta. Porto Alegre: Globo, 1961. (Coleção Tapete Mágico XXXI).

LÉVI-STRAUSS, Claude. *O pensamento selvagem*. 3. ed. Tradução Tânia Pellegrini. Campinas, SP: Papirus, 2002.

__________. *El Totemismo en la actualidad*. México: Fondo de Cultura Económica, 1971.

LINTZ, Rubens G. *História da matemática*. v. 1. Blumenau: Editora da FURB, 1999.

LISPECTOR, Clarice. Você é um número. In: *A descoberta do mundo*. Rio de Janeiro: Nova Fronteira, 1984.

MENDES, Iran Abreu. *Antropologia dos números*. Significado social, histórico e cultural. Rio Claro: SBHMat, 2003. (Preprint). (Coleção História da Matemática para Professores).

MONTEIRO LOBATO, José Bento. *Aritmética da Emília*. 29. ed. São Paulo: Brasiliense, 1995.

O CORREIO DA UNESCO. Viagem ao País da Matemática. Ed. Brasileira. ano I, n. jan. 1973. Reedição, 1989.

PAES LOUREIRO, João de Jesus. *Cultura Amazônica* – uma poética do imaginário. Belém: CEJUP, 1995.

SALDANHA, Gehisa. *O jogo do bicho* - como jogar e ganhar. São Paulo: Ediouro, 1986.

STEWART, Ian. *Os números da natureza*. A realidade irreal da imaginação matemática. Rio de Janeiro: Rocco, 1996. (Coleção Ciência Atual).

TAHAN, Malba. *As maravilhas da Matemática*. 2. ed. São Paulo: Bloch, 1973.

__________. *Os números governam o mundo*. Folclore da Matemática. São Paulo: Ediouro, 1989.

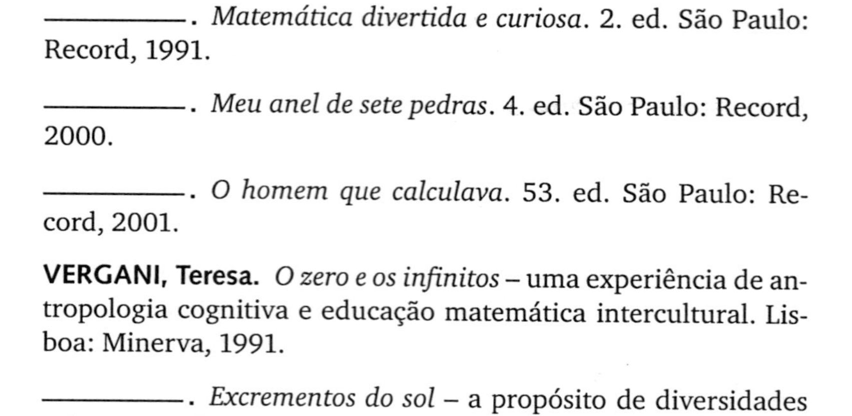

———. *Matemática divertida e curiosa*. 2. ed. São Paulo: Record, 1991.

———. *Meu anel de sete pedras*. 4. ed. São Paulo: Record, 2000.

———. *O homem que calculava*. 53. ed. São Paulo: Record, 2001.

VERGANI, Teresa. *O zero e os infinitos* – uma experiência de antropologia cognitiva e educação matemática intercultural. Lisboa: Minerva, 1991.

———. *Excrementos do sol* – a propósito de diversidades culturais. Lisboa: Pandora, 1995. (Olhos do Tempo).

———. *Matemática & Linguagem(s)* – olhares interactivos e transculturais. Lisboa: Pandora, 2002.

WEATHERFORD, J. *A história do dinheiro*. Do arenito ao cyberspace. 3. ed. Tradução June Camargo. ed. rev. São Paulo: Negócio, 2000.

WESTCOTT, W. W. *Os números* – seu poder oculto e suas virtudes místicas. Tradução Joaquim Palácios. São Paulo: Pensamento, 1993.

WHITROW, G. J. O. *Tempo na história*. concepções do tempo da pré-história aos nossos dias. Rio de Janeiro: Zahar, 1993. (Coleção Ciência e Cultura).

Leia também da Editora Livraria da Física:

A Rainha das Ciências – Um passeio histórico pelo maravilhoso mundo da matemática, *Gilberto G. Garbi*

O livro é um delicioso e apaixonante relato de quatro milênios de História da Matemática, para cuja compreensão bastam os conhecimentos adquiridos no segundo grau.

ISBN 85-88325-61-6

O Romance das equações algébricas, *Gilberto G. Garbi*

"O Romance da Equações Algébricas" representa algo inovador no Brasil e há de exercer duradoura influência nos métodos de ensino da Matemática em nosso País. Sem dúvida, trata-se de uma obra que será muito bem recebida por professores, alunos e aficcionados e está destinada a despertar em muitos jovens vocações até então desconhecidas para uma ciência que, ainda hoje injustificadamente, costuma ser envolta em um manto de mistério e encarada com infundado temor.

ISBN 85-88325-99-9

Matemática, uma breve história vol I, *Paulo Roberto Martins Contador*

Esta obra foge aos padrões da grande maioria dos livros que abordam a matemática como assunto, que foi e continua sendo para muitos, motivo de repulsa. O autor, de forma clara, conseguiu tornar agradável e compreensível grande parte dos conceitos matemáticos atuais. Partindo dos conceitos mais relacionados a números, o autor mostra não só a evolução do homem nesta área, mas também a evolução dos conceitos matemáticos, até a fim do período medieval. A matemática é a chave para todo e qualquer desenvolvimento científico. Através dele pode-se conhecer um pouco dos homens que no transcorrer dos séculos ergueram este edifício. Mostrar como um determinado conceito foi criado e aperfeiçoa-lo para a forma atual são os principais objetivos desta obra.

ISBN 85-88325-62-4

Matemática, uma breve história vol II, *Paulo Roberto Martins Contador*

Os progressos realizados nas ciências, principalmente na matemática e na astronomia, a partir do Renascimento, fizeram com que os conceitos aristotélicos caíssem por terra, proporcionando uma profunda evolução do espírito humano e ampliando de forma jamais vista o Universo conhecido pelos antigos. Este avanço deu-se devido à busca de conhecimento e de criação de alguns homens que desafiaram a tudo e a todos, principalmente a autoridade da Santa Inquisição. Mas por quê? Por que Copérnico, que colocou o sol no centro do Universo, escondeu seu trabalho por tanto tempo? Como Kepler, apesar de tantos infortúnios em sua vida, conseguiu elaborar suas três leis? Qual a força que moveu Galileu a desafiar a Igreja? Neste livro, o autor tenta responder a estas e outras perguntas, abordando os principais aspectos da história da matemática a partir do início do Renascimento, utilizando-se de uma linguagem acessível a qualquer pessoa que tenha interesse pela história da Matemática.

ISBN 85-88325-63-2

Matemática, uma breve história vol III Caderno de práticas, *Paulo Roberto Martins Contador*

Desde os primórdios o homem procurou explicações sobre os mecanismos da natureza, comotudo começou? Como tudo funciona? A história mostra que não há cultura que tenha fugido desta busca, e as respostas nem sempre foram fáceis, mas apesar de todas as dificuldades foi no domínio da matemática que muitas dessas respostas apareceram. Tendo a matemática como a principal ferramenta o homem evoluiu, e a aventura da mente o fez compreender parte dos segredos da natureza. A história do pensamento humano naquilo que diz respeito à matemática, desde os primórdios até o fim do período medieval, é o conteúdo do primeiro volume. A continuação, de forma cronológica, dos principais acontecimentos da história da matemática desde o início do renascimento até por volta do século XVIII, é o conteúdo segundo volume. Já este terceiro volume, aborda de forma teórica atual tudo o que foi visto nos dois primeiros volumes.

ISBN 85-88325-46-2

O texto desta
obra está composto
em ITC Charter 10.6/13.2pt, tipo
projetado por Matthew Carter,
e os títulos em Syntax,
tipo projetado por
Hans Eduard
Meier.

GRÁFICA PAYM
Tel. (011) 4392-3344
paym@terra.com.br